黃景龍
陳沛瀅——著
蕭維剛——攝影

免開火！

巧用家電做台菜

名廚帶你用電鍋、氣炸鍋、電烤盤、無水鍋，
輕鬆做豐富多樣的美味台菜，

租屋族無須明火插電就能煮╳小家庭省力少油煙的懶人烹調術

推薦序

Foreword

在忙碌的日常生活中，得一安心愉悅

人世間最美好的時刻通常都是在飯桌上，溫度在那裡，記憶也在那裡。不論豐儉，食物就不只是食物，而是人與人最友善的互動。

沛瀅是我指導過的好學生。認眞學習又肯追求上進。潛心於茶飲與台灣本土家常美食，不斷深化優化而不忘本，値得十分嘉許。近日與台菜名師合作食譜，深入淺出，深信必可嘉惠許多個人與家庭，在忙碌的日常生活中，得一安心愉悅，共有共享的時刻。以此觀之，稱之爲「功德」亦不爲過。

十分欣賞，無限祝福！

逢甲大學董事長

作者序 ①

輕鬆烹飪新生活，
小家電端出美味經典台菜

蜜月新手夫婦、在校莘莘學子、黃金套房租客、身處異鄉的遊子，無論你是廚藝新手還是烹飪達人，若想在精緻小廚房吃到美味與安心同時滿足的台灣獨特料理，難道只能叫外送？或者去餐廳大快朵頤？因爲台灣菜一定必須明火快炒烹調才會好吃？

於是，我運用現代科技小家電發想台菜食譜，不必聞油膩膩的油煙味，而有美感又有實用的烹調器具，外型簡約的設計風格，採用液晶面板的控制螢幕，不僅是廚房的好幫手，更增添廚房美學，將小家電帶進你的烹飪世界吧！體驗做菜的樂趣，讓烹飪成爲一種生活享受。

科技融合美感廚房小家電創造出多功能烹飪方式，包含電烤盤的均溫即時燒烤、無水鍋的原汁原味料理、氣炸鍋的減油酥脆口感，以及電鍋的恆溫蒸煮功能，一次滿足各種需求，無論是燒烤、蒸煮，還是炸物，台菜王子龍師傅手把手當你廚房中的最佳夥伴，輕輕鬆鬆端出一道接一道美味經典台菜。

告別台菜過油過鹹，展現與衆不同的飲食魅力，利用家樓下超市隨手可得的新鮮食材，我編排了多道經典台灣菜，每一道菜皆附有詳細步驟和小密技，在家也能輕鬆製作道地的小吃，隨時辦桌，美味不斷！

國際名廚深厚廚藝經驗化繁爲簡，淬煉出輕鬆上手的烹飪秘訣，快速出好菜，分享幸福，歡樂倍增，無論是家庭聚會、朋友相約，還是在週末的輕鬆烹飪時光，本書食譜皆能讓你快速上手，享受與摯愛分享美食的樂趣，讓每一口都充滿台灣味與溫暖。

儂來餐飲事業有限公司餐飲總監

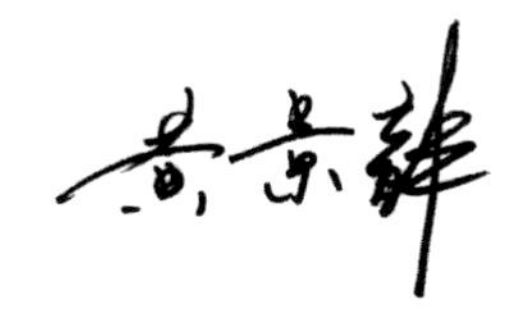

作者序 ②

Preface

與我們一同打造家常美學

從小離開家鄉屏東，在城市漂泊遊走的過程，我們都是那一位旅人，我常想，一生中到底會遇見多少人呢？

遇見的人，生命便會產生截然不同緣分，適切演出一生的劇本。

現在已經是三個女孩的媽媽，常帶著她們體驗島嶼文化，感受家常台味的暖暖愛意，因爲所有媽媽們傳承的手藝，都值得守護。

有春茶館島嶼台味，主要在倡議米食料理的實踐，與台味美學儀式感的生活，在家鄉的生活一直讓我難忘，樸直生命的思惟方式，讓心感到安定溫暖。

有春常在各地舉辦地方餐桌，讓不同媽媽各式各樣的美好滋味，有機會從人文美學，從感動開始體驗。

在忙碌的生活中，看著這本使用方便的小家電食譜書，爲自己創造可以安心的風味，慰勞努力的自己。享受美食那喜悅的心，是因爲爲自己創造了的食物帶來的溫柔和豐富……

每一道料理都是一片愛自己的心。

歡迎與我們一同參與，打造家常美學。

願大家都能創造屬於自己家的料理。

京越國際股份有限公司董事長、有春茶館創辦人 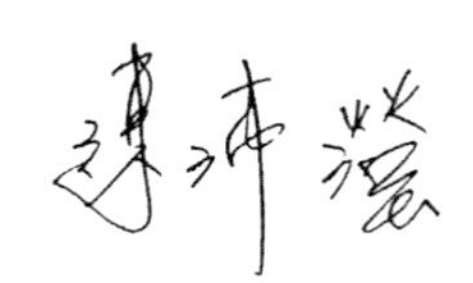

前言

如何做出台菜的味道？

台灣的地理位置獨特，位於亞熱帶區，又有南迴歸線經過，四面環海及高山、平原、盆地都匯集在這片土地上，一年四季皆有豐富的當季食材。身在台灣，許多人常問：「哪些菜色可以代表台菜？」有人說三杯雞、佛跳牆、麻油雞、滷肉飯、香腸、煎豬肝、五味透抽等，菜色五花八門，每個人心中都有代表的菜色。這個問題更在每個人心中都有不同的見解，不論是失傳的古早味，或是地方辦桌菜，甚至是年輕人喜愛的夜市小吃。

於是黃景龍師傅以到世界各地做台灣美食巡迴講座的經驗，整理出一套九味加上五辛香料的「台菜九五學說」，使用家庭廚房的基本調味料「醬油、香油、麻油、烏醋、白醋、米酒、鹽、糖、胡椒粉」，以及基本辛香料「蔥、薑、蒜、辣椒、紅蔥頭」來烹調台菜的味道。

而後，台菜經過多位廚師、專家、學者的多次研討，更確立了台菜的「油香、醇香、料香、醬香、辛香」5 種香氣，及其帶出的 22 種不同的味型。

所謂「味型」是指由酸甜苦辣鹹等滋味，複合而成的獨特味道，並藉由不同調味、火候拿捏與烹調，以及散發出的「香氣」，創造出美味的佳肴，這些即代表著一個國家的菜肴特色。

於是，現在只要使用台灣產地食材，加上簡單的調味料和辛香料，能同時保持食材原味，也可以提升料理的味道層次感。雖然沒有太多複雜烹調手法及調味，卻蘊含深厚的飲食文化，這就是台菜精神。

HOW TO USE THIS BOOK

如何使用本書

1 篇章名稱及主要使用的廚房小家電。

2 料理名稱及簡述，讓人躍躍欲試。

金沙松阪肉

用氣炸鍋也能做出金沙料理！

3 料理完成圖，光用看的就口水直流。

注意事項

各篇章除了主要使用的廚房小家電之外，部分料理還會用到其他小家電，來完成拌炒、汆燙等處理，如果沒有對應的小家電也沒關係，亦可以用明火來進行烹調。

材料單位換算表	1 大匙 =15cc ✦ 1 小匙 =5cc ✦ 1 杯 =180cc 少許 = 稍微加一些即可。 ✦ 適量 = 依個人口味斟酌即可。

4 料理成品的建議食用人數。

5 材料一覽表，正確的份量是烹調成功的基礎。

材料 1 ～ 2 人份

鹹蛋黃 4 粒、豬松阪肉 200g、青蔥 20g、蒜仁 15g、紅辣椒 10g、太白粉 1 大匙

調味料　白胡椒粉 1 / 2 小匙
醃料　醬油膏 1 大匙

準備

★ 鹹蛋黃切末。
■ 豬松阪肉切片；青蔥切成蔥花；蒜仁切末；紅辣椒切圈。

做法

1 取調理盆，加入蔥花、蒜末、辣椒圈、白胡椒粉，拌勻備用。

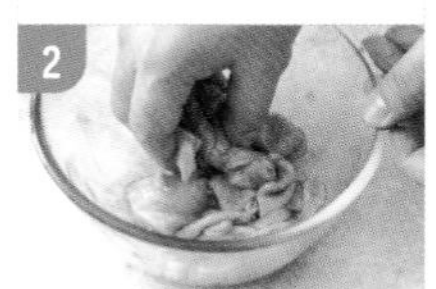

2 取調理盆，放入豬松阪肉片、醃料，抓醃均勻。

3 加入太白粉，抓勻。

4 再加入鹹蛋黃末，拌勻。

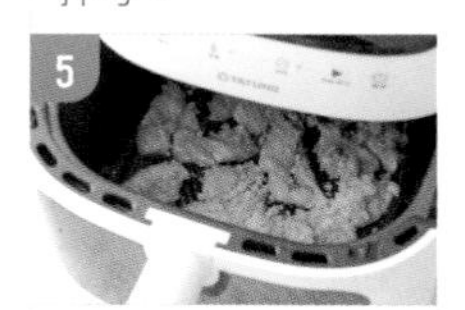

5 放入氣炸鍋，以 180°C氣炸 10 分鐘。

6 待剩 3 分鐘時，放上做法 1，繼續氣炸即可。

Tips

＊ 與傳統炒至起泡的金沙不同，裹上鹹蛋黃末再氣炸，能減少很多油。

109

6 材料切割、浸泡等事前準備。

7 詳細的步驟圖，對照烹調過程是否正確。

8 詳細的步驟文字解說，清楚詳細不出錯。

9 師傅們的烹調訣竅、小撇步。

CONTENTS
目錄

CHAPTER 01 電烤盤 台菜煎炒煮樣樣行

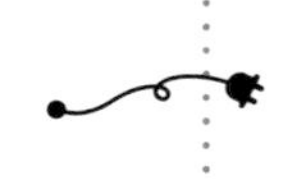

電鍋 懶人台菜輕鬆上桌

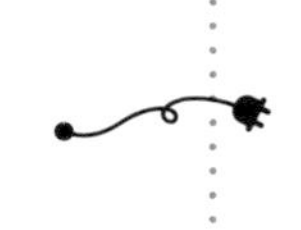

CHAPTER 03

氣炸鍋 香酥台菜不怕油膩

無水鍋 一鍋完成豐富台菜

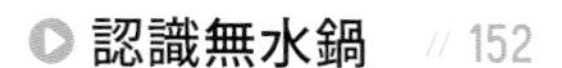

Appliance

本書使用的基本器具

雖然有各種廚房小家電幫忙，但烹煮台菜還是要準備一些基本器具，另外，如果仍要使用到明火，就還會使用到基本鍋具，就能讓美味台菜快速上桌！讓烹調過程變得更簡單又迅速，讓下廚成爲輕鬆又快樂的時光。

測量工具

電子秤

用來測量材料重量的器具。秤量時，要記得將裝盛的容器重量先扣除，重量才會準確。市面上有傳統秤、電子秤兩種，建議選擇電子秤，其準確率比較高，也有歸零的功能，使用上方便許多。

量匙

用來測量少量粉狀或調味料份量，一般量匙有 4 支，分別爲 1 大匙、1 小匙、1/2 小匙、1/4 小匙，建議選擇不鏽鋼材質爲佳，在量取熱水或酸性食材比較安全。使用時，將材料舀起來，再用手指刮成平匙爲準。

量杯

用來測量液體材料份量的器具。使用時，必須將量杯放置在平坦處，以側面水平的角度，平視刻度線，測量才會準確。量杯有許多不同容量規格，本書中所使用的量杯，容量爲 200cc。建議使用不鏽鋼材質爲佳，量取熱水或酸性材料比較安全。

輔助工具

刀具

切割生鮮或熟食材使用，依食材特性挑選適合的刀具，最常見的刀有菜刀、剁刀、水果刀等。至少準備兩把菜刀，分別用在生食與熟食上，可避免交叉感染。刀具使用完後請立即洗淨，並放在通風處晾乾。

砧板

市面上常見的砧板材質有木頭製、塑膠製兩種，也會標註尺寸，可依個人使用需求進行挑選。生食、熟食最好使用不同的砧板，以確保安全衛生，洗淨後放在通風處晾乾即可。

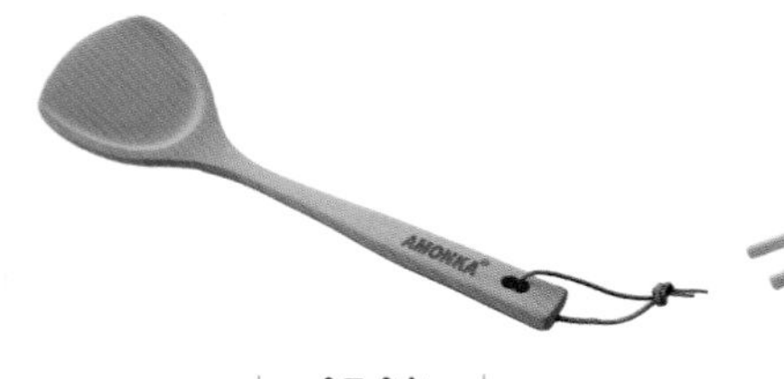

鍋鏟

市面上有不鏽鋼、木質與矽膠材質，如果是使用不沾塗層的烤盤或鍋具烹調，比較適合使用木質與矽膠材質，避免刮傷。

料理長筷

是專爲料理烹飪設計的長筷。可以用於拌炒、攪拌、夾取食材。挑選時，可以選擇自身覺得筷身厚度適中好握、順手，重量不會過重，輕盈好使用即可。

削皮刀

用來去除蔬果外皮或太老的纖維，或用來削薄片，可以根據不同需求挑選適合的材質及尺寸。

料理剪刀

用來剪開食材，例如剪除草蝦的鬚、腳，或剪斷米粉，但必須與雜物用的剪刀分開，以避免污染食材。市面上有功能性豐富的料理剪刀可挑選，能同時開瓶、剪海鮮、蔬果，非常方便。

撈網

撈網適合撈取汆燙食材，挑選時以孔洞不要太大，並配合鍋子直徑尺寸挑選為宜，勿買到比鍋面更大的撈網。使用完畢後洗淨，放陰涼處晾乾。

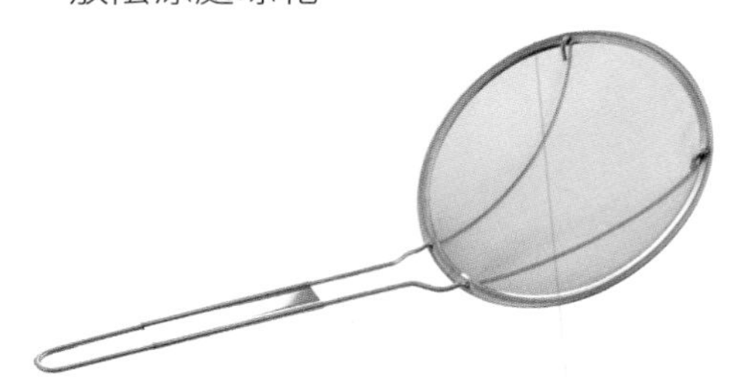

調理碗

用來浸泡食材或裝盛醬汁，例如乾香菇、蝦米、魚乾，使其軟化，或是拌入醃料等待入味。可依不同需求選購大小與材質。通常以不鏽鋼、玻璃材質為佳，建議多準備幾個大小不同的調理碗。

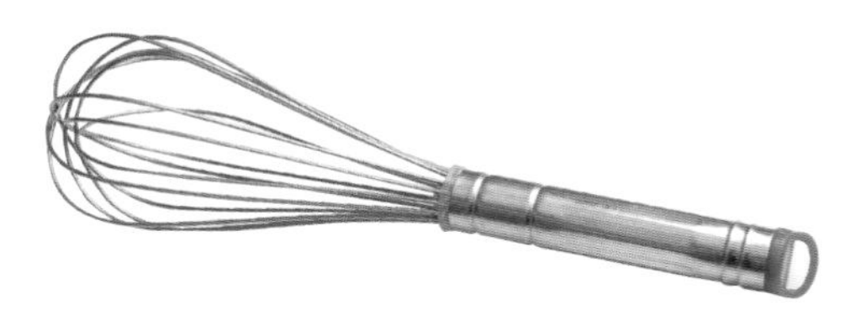

打蛋器

適合攪拌蛋液或麵糊的攪拌工具，選購網狀鐵線比較有彈性，非常容易攪拌，能更輕鬆地將食材混合均勻。

Seasonings & Spices

本書使用的調味料和辛香料

爲了做出美味又道地的台菜風味，需要準備哪些調味料和辛香料呢？以下這些都是台菜色香味的靈魂主角，烹調時千萬不可輕忽，調味用得好，不只風味到位，也是菜肴的美味關鍵之一。

基礎調味料

又稱油清，適合醃漬、紅燒、滷製等烹調法，爲料理增添香氣與調味。由黑豆釀造而成的醬油，色澤淡，其口感帶有甘甜味，豆香味比較濃郁。

香油

又稱芝麻油、芝麻香油，有著琥珀色澤，是以白芝麻爲原料所提煉而成的油品。純芝麻油氣味濃郁，於料理完成前淋入幾滴，或涼菜拌入一點香油，都能大大增加香氣，是台菜重要的調味料之一。

麻油

又稱黑麻油、胡麻油，是以黑芝麻爲原料提煉而成的油品。純胡麻油氣味濃郁且厚重、色澤比較深，經常用於麻油雞、三杯雞等料理。

烏醋

以糯米為基礎，加入芹菜、紅蘿蔔、洋蔥等蔬果，以及辛香料、鹽、糖等調味料所釀造而成。烏醋的顏色深、鹹度比較高，適合拌炒、羹湯等料理。

白醋

又稱米醋，是米飯經由發酵後的產物，能為菜肴增添天然的酸香味。可以用來軟化肉類，使口感軟嫩，以及醃漬食材等。挑選時以嗆味溫和、顏色透明略帶淡黃色為佳。

米酒

米酒是以稻米所釀製而成的酒。可以用來醃漬魚、肉類，去除腥味，炒青菜時，起鍋前加入米酒，便能維持葉菜的青翠色澤，更是麻油雞重要的調味料之一。

白胡椒粉

白胡椒粒經過低溫研磨而成的粉狀調味料，具有辛辣嗆鼻味。白胡椒粉除了增加料理香氣外，更能降低食材本身不好的味道，適合做為料理、湯品、餡料的調味料。

鹽

台菜重要的調味料之一，適量添加可以中和甜度、降低甜膩感，並有爲料理提味的作用。常見的有海鹽、岩鹽、精緻鹽等，可依喜好選擇鹽類，挑選時必須注意，避免有受潮、結塊的狀況。

砂糖

又稱細砂糖、白糖，是台菜經常使用的食用糖之一，其他還有二砂糖、冰糖等，可以爲料理增加甜味，加熱後會產生焦糖香氣與色澤，增添不一樣的風味。

辛香料

青蔥

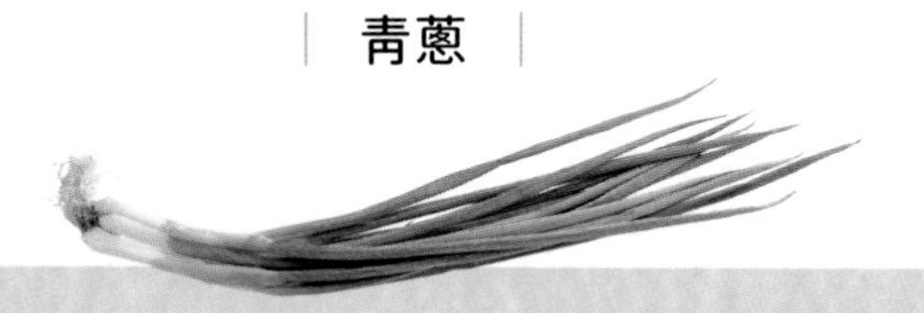

蔥莖爲蔥白，中空的綠色葉管爲蔥綠，和薑、蒜、辣椒經常做爲烹調主食材前的炒香材料，以及用蔥段一起燒煮；蔥絲爲料理裝飾、添色增香，或是當成蔬菜食用。

薑

分爲嫩薑、老薑，是非常好的去腥辛香料，常用來醃漬或炒香料，甚至老薑經常與油煸炒而增加香氣，具有滋補養身功效。選購薑時，應該以外觀肥大結實爲佳，避免有斑點、乾扁爲宜。

蒜頭

購買時避免已發芽或枯萎者爲佳。放在通風處可保存一至兩個月。已去皮的蒜仁則必須包起來放入冰箱冷藏並盡快使用。

紅辣椒

鮮紅色帶籽長條狀，帶有辛辣風味，能與食用油煸製成辣油，在台菜中爲調味料及沾醬增加風味。

紅蔥頭

爲紫紅色鱗莖球狀物，是台菜常見的辛香料之一，可以煸製蔥油以及金黃色的油蔥酥來提升料理的香氣。

其他調味料

蠔油

有以蔭油膏爲基底，加入香菇鮮美風味的香菇素蠔油，以及以牡蠣提煉的汁液爲基底熬煮而成的蠔油，適合用於拌炒、滷製、羹湯等料理。

白蔭油

又稱淡色醬油，比一般醬油顏色、鹹度都偏淡，但依然保有醬香風味，若是料理不想沾染調味料的色澤，就可以選用白蔭油。

醬油膏

醬油膏與醬油不同，吃起來比較甘甜，常用來做爲沾醬或用於滷煮食材，呈現有別於醬油的風味與色澤。

柴魚粉

又名鰹魚粉，是將柴魚乾燥後，經過研磨加工而成，保有乾燥柴魚原本的香氣，常用來爲料理增添鮮甜風味，是取代味精的好選擇。

豆豉辣椒醬

豆豉以黑豆或黃豆發酵而成，有著類似壺底醬油的醍醐味，入口香醇帶有甘甜，再結合辣椒醬的濃郁香辣，味道層次豐富，可以用來作爲沾料或爆炒料理。

味醂

以糯米釀造而成的和風發酵調味料，帶有甘甜味和酒香，能軟化肉質，增加料理的香氣及光澤。

蔥油

以青蔥和食用油加熱、萃取而成，散發濃郁的青蔥辛香味。烹調料理時加入些許，便能增添香氣，可以省去自行煸油的時間。

沙茶醬

用花生、芝麻、扁魚、蝦米等材料經炸酥、磨碎，再加油熬製而成，製作過程相當繁瑣，但醬味鮮香，除了當作火鍋沾醬，也能用來燉煮料理。

番茄醬

又稱爲茄汁，番茄醬是以新鮮熟透的番茄濃縮而成的製品，爲紅色的濃稠醬料，並且具備番茄的酸甜風味，可以用來爲料理調味，或當作沾醬。

Techniques

台菜烹調關鍵小技巧

許多食材烹調之前，只要掌握幾個關鍵步驟，便能讓美味大大加分！主廚們用其專業知識，破解這些複雜的工序，讓你可以用最輕鬆的方式，烹調出美味台菜。

食材處理

肉類 & 海鮮

Step 醃肉抓拌均勻，靜置使其入味。

醃肉時，取調理盆加入肉類與醃料，除了要確實抓拌均勻之外，最好能再靜置一下，使其入味，之後才加入粉類材料，如太白粉、地瓜粉等，讓醃料能緊緊黏附在肉上，這樣做出來的肉類料理風味會更好。

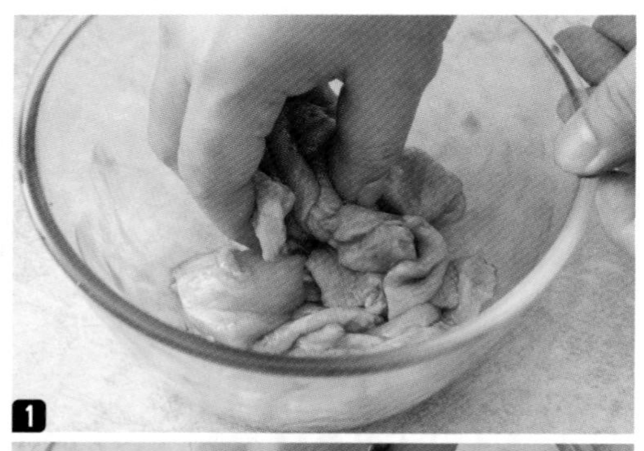

加入太白粉、地瓜粉等，讓醃料能緊緊黏附在肉上。

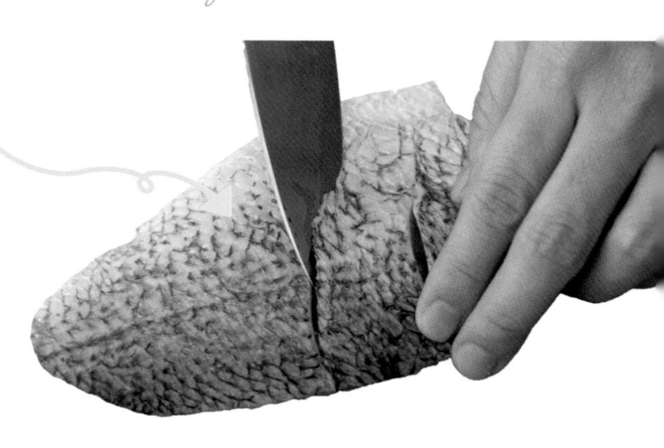

Step 肉類先劃刀，更快入味、更快熟透。

烹調前，肉類食材先劃刀，可以縮短後面的烹調時間，讓食材能快速熟透且更入味。除了全魚，像是帶骨雞腿、雞翅、翅小腿等，都會變得更鮮嫩好吃。

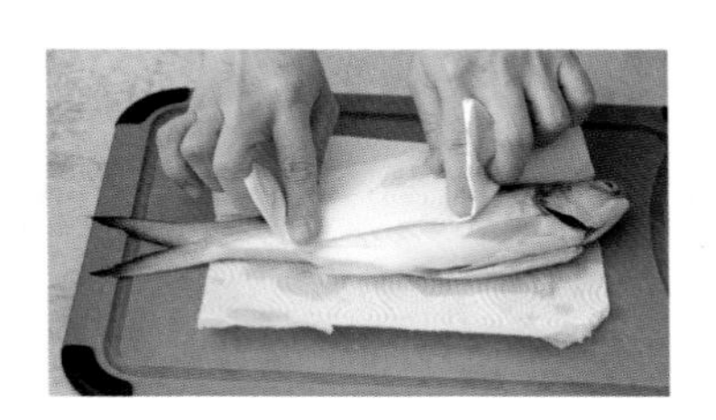

Step 海鮮食材用廚房紙巾擦乾水份。

不論哪一種海鮮食材，在油煎或油炸之前，一定要用廚房紙巾擦乾水份，這樣才不會引起油爆，避免發生燙傷危險。

Step 魚片抓醃米酒、白胡椒粉，去腥味。

市售去骨魚片或多或少帶有魚腥味，但只要在烹調之前，先用米酒、白胡椒粉抓醃一下，就能簡單的去除魚腥味。

Step 蝦子用牙籤挑除泥腸。

不管是蝦仁或帶殼蝦子都要挑除泥腸，吃起來才會清爽乾淨。蝦仁能直接用牙籤從蝦背挑出，帶殼蝦子則可以用剪刀將背部剪開，再用牙籤挑出，並將蝦鬚、蝦頭、蝦腳剪掉，避免加熱油爆。

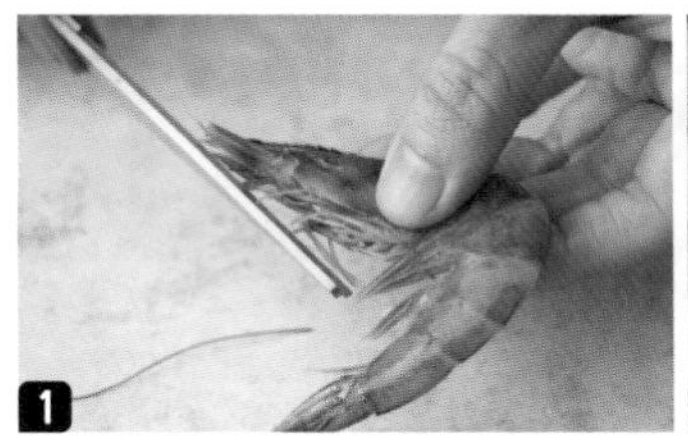

1

2

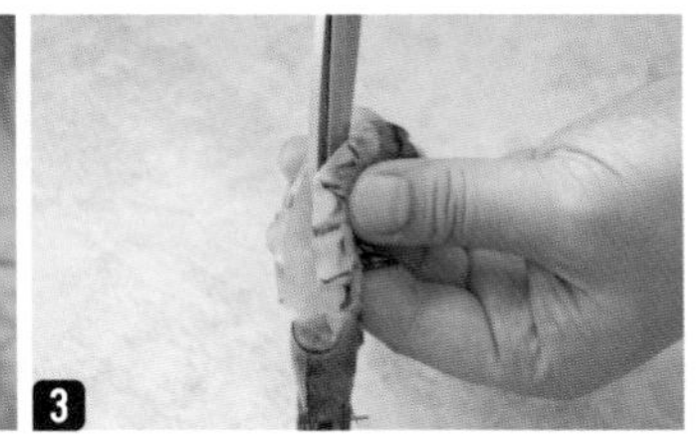

3

Step 蛤蜊烹調前務必先泡水吐沙。

蛤蜊在烹煮之前，一定要先用加鹽的水浸泡約 20 ～ 30 分鐘，使其吐沙，把水倒掉，然後清洗乾淨後才可以烹煮，吃起來才會味鮮又清甜。

蔬果 & 豆蛋製品 & 其他

Step 把菜梗粗皮去掉才脆嫩。

當菜梗外面有一層粗皮時，一定要把那層粗皮撕掉，如花椰菜，除了泡水、清洗乾淨之外，一定要把菜梗外面那層粗皮撕掉，多了這道功夫，才會吃起來脆又嫩。

Step 乾香菇泡軟再擠乾水份。

乾香菇是台菜常用的乾貨，使用之前必須先泡水靜置一段時間，使其軟化並膨脹，然後擠乾水份，再進行切割、烹調。

Step 豆皮浸泡熱水，去除油耗味。

角螺、豆皮等豆製品，使用前必須浸泡熱水使其軟化，除此之外，還可以稍微去除油耗味，吃起來更美味。

Step 乾魷魚必須先泡發。

乾魷魚直接用水泡發，口感會很韌，因此可以放入鹽水中，浸泡約 3 ～ 4 小時，待泡發完成後，洗淨即可使用。

Step 醃漬食材要清洗乾淨或浸泡流水。

日曬的醃漬食材如福菜、梅乾菜等，使用之前要先用清水仔細搓洗乾淨，去除表面的砂石。然後，如酸白菜、脆筍、高麗菜乾等，則是使用之前要先放到水龍頭下，以流水浸泡 30 分鐘，去除過多的鹽份。

Step 中藥材使用前先浸泡酒類。

中藥材使用之前，要先浸泡酒類，將風味釋出，烹調時連同酒水一同加入，這樣子，才能將中藥材的風味完全融入料理。

油煎

Step 菇類先乾煸，滋味更濃厚。

菇類大多是在眞空包中種植，不會有太多髒汙，因此只要將根部切除，表面稍微擦拭乾淨即可。然後將菇類煸炒過，讓香氣釋放出來，才會好吃。

Step 煸香辛香料，釋出香氣。

辛香料如大蒜、蔥、薑等，先用小火煸香，讓香氣完全釋放，再加入其他食材一起烹調，料理的香氣才會濃郁，像是麻油雞、三杯料理，就一定要把薑片煸到邊緣捲曲，風味才道地。

氽燙

Step 肉類、豆蛋類，氽燙去除腥味。

先將肉類食材放入滾水中，並加入加入蔥、薑、米酒等辛香料，氽燙過後，再進行後續烹調，可以做出肉香味更濃郁的料理，豆蛋類也可以透過氽燙，去除豆腥味或蛋腥味。

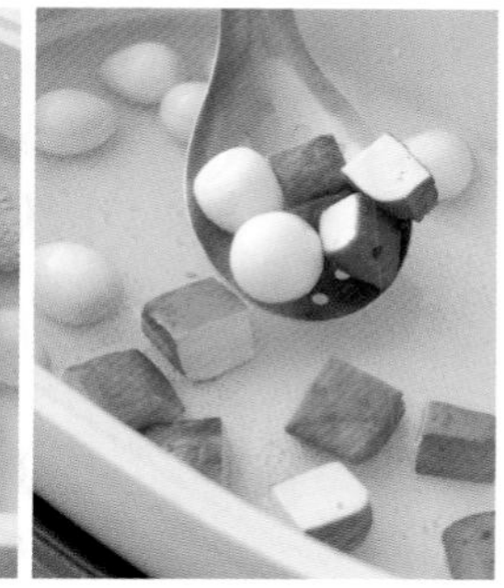

Step 帶骨肉類、內臟，清洗去除雜質。

帶骨肉類或內臟，經過汆燙去腥之後，要再用清水沖洗乾淨，去除雜質，烹調出來的料理會更乾淨、更加鮮甜，尤其內臟腥味比較重，需要將內部仔細翻洗過。

油炸

Step 沾裹炸粉後靜置反潮。

不論是炸肉類還是海鮮，沾裹炸粉之後，需要靜待炸粉充分吸收了食材上的水分反潮，油炸時比較不易脫粉。

蒸煮

Step 這樣勾芡才會滑順不結塊。

許多台菜需要勾芡產生滑順、羹湯狀，而在加入太白粉水時，必須邊加邊拌，確實充分拌勻，然後煮滾即可。

CHAPTER 01

電烤盤

台菜煎炒煮樣樣行

弱
中
強

認識電烤盤

近年來，電烤盤越來越熱門。電烤盤主要採用電能將鐵製的烤盤進行加熱，以便可以快速煎烤食物，再搭配不同的烤盤配件，便能做到煎、炒、煮等多種的烹調方式，而不須使用明火的特點，更適合宿舍或租屋處的小廚房。

烤盤
分為平面與波浪兩款烤盤，平面方便煎炒，如炒菜、煎魚，波浪適合烤肉，如雞腿排。

深湯鍋
大容量的湯鍋，可以用來燉煮湯品或火鍋。

加熱底座
以左右滑動調節桿的方式控制溫度，然後透過平板加熱烤盤。

電烤盤烹調小技巧

烤盤預熱
將火力開關調節至所需的強弱，指示燈亮起，開始加熱，等待指示燈熄滅，即預熱完成。指示燈會間歇亮起及熄滅，維持溫度。

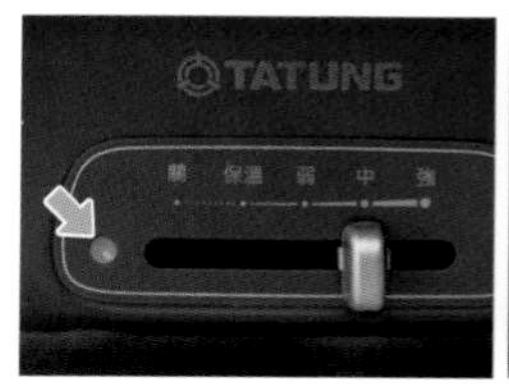

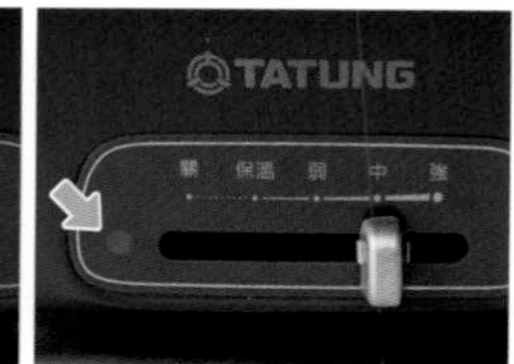

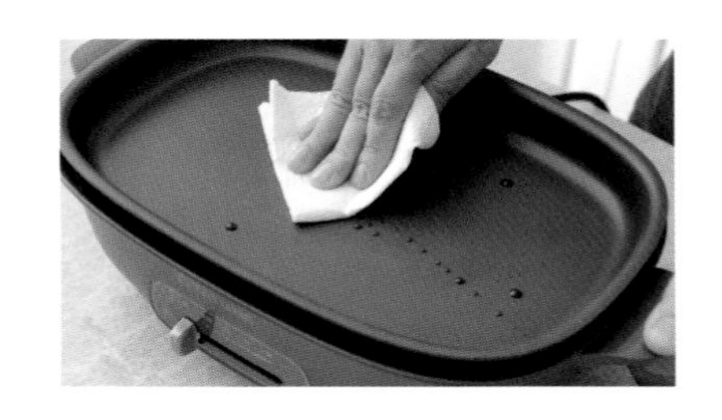

連續烹煮

如需要連續烹煮時，可先等烤盤冷卻至常溫後，用廚房紙巾擦拭乾淨，或是取出烤盤，用溫水稍微沖洗並擦拭後，即可烹調下一道料理。

善用深湯鍋

如遇到水量較多的料理，就可以將烤盤換成深湯鍋，即便是必須花時間收汁的料理，也可以輕鬆完成。

溫度參考

以下溫度是蓋上蓋子，不放入食材時的溫度；根據鍋具的種類和實際烹飪來調節。煮火鍋、湯品時，最好蓋上鍋蓋，將水或湯汁煮沸，再放入食材烹煮。

模式	參考溫度	烹調方式
保溫	65 ～ 80℃	料理保溫
弱	100 ～ 130℃	煎蛋
中	160 ～ 200℃	炒飯
強	190 ～ 250℃	烤肉

清潔

1. 等烤盤冷卻至常溫後，以溫水、中性清潔劑及海綿清潔。
2. 如有頑垢油汙，倒入半滿的熱水，以中火以下的火力煮至沸騰，持續 1 分鐘以上，使油垢軟化，再倒掉熱水，用中性清潔劑、海綿搓洗即可。

蔥蛋蘿蔔糕

不只有蘿蔔糕的鮮甜，更充滿蔥香與蛋香！

材料 1～2人份

青蔥 10g、雞蛋 2 個、蘿蔔糕 2 片

調味料 鹽 1/4 小匙、柴魚粉 1/4 小匙、白胡椒粉 少許

準備

- 青蔥切成蔥花。

做法

1 電烤盤倒入食用油 2 大匙，火力開至強，熱鍋。

2 放入蘿蔔糕，煎至兩面金黃上色，取出備用。

3 取調理碗，打入雞蛋，加入蔥花、所有調味料，拌勻。

4 電烤盤火力調至中，倒入雞蛋液，煎蛋至邊緣稍微煎熟。

5 放入煎好的蘿蔔糕，煎至蛋液半熟。

6 蘿蔔糕翻面，以煎蛋對折、包裹住即可。

Tips

* 可依個人口味搭配醬料食用。

烏魚子麻糬

原來！烏魚子跟麻糬這麼配！

材料 3～4人份

烏魚子1/2片、客家麻糬300g、蒜苗20g、韓式海苔1盒

調味料 高粱酒1大匙

準備

★ 烏魚子浸泡高粱酒30分鐘。

☆ 烏魚子撕去薄膜。

■ 麻糬分成數份，每份約50g；蒜苗切片。

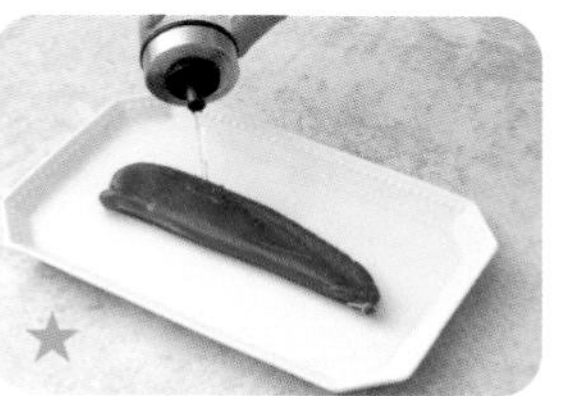

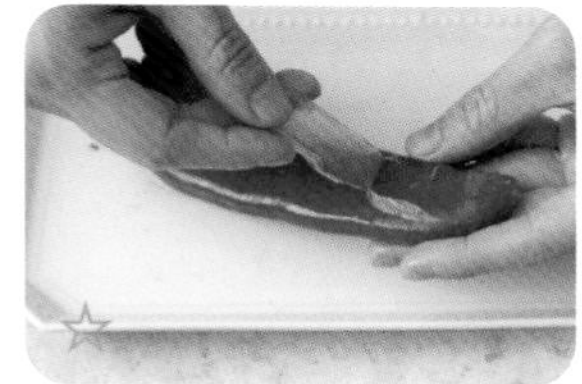

做法

1 電烤盤倒入1大匙食用油，放入烏魚子，煎至雙面金黃。

2 取出烏魚子放涼，斜切成片。

3 取盤子，包覆上保鮮膜，放上麻糬，稍微壓扁。

4 取韓式海苔，在上半部放上麻糬。

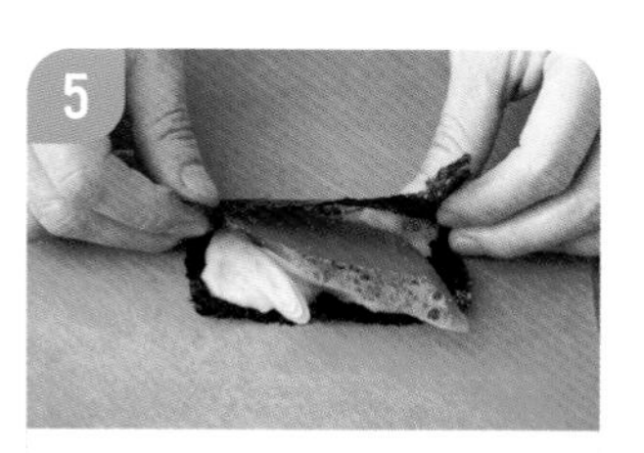

5 再放上烏魚子片、蒜苗片，用海苔包起即可。

Tips

* 麻糬黏手不好操作的話，可以在手上抹一些沙拉油，或是戴上手套。

經典三杯雞

下飯下酒都不可或缺的經典台菜！

材料　1～2人份

去骨雞腿1支、蒜仁2粒、薑20g、紅辣椒5g、水2大匙、九層塔20g

調味料　米酒1大匙、二砂糖1/2大匙、麻油1大匙、醬油1大匙、醬油膏1大匙

準備

- 去骨雞腿切大塊，用廚房紙巾擦乾水份。
- 蒜仁、薑、辣椒切片。

做法

1. 電烤盤倒入食用油1大匙，火力開至強，熱鍋。

2. 雞腿皮面向下，放入電烤盤，煎至雙面金黃，取出備用。

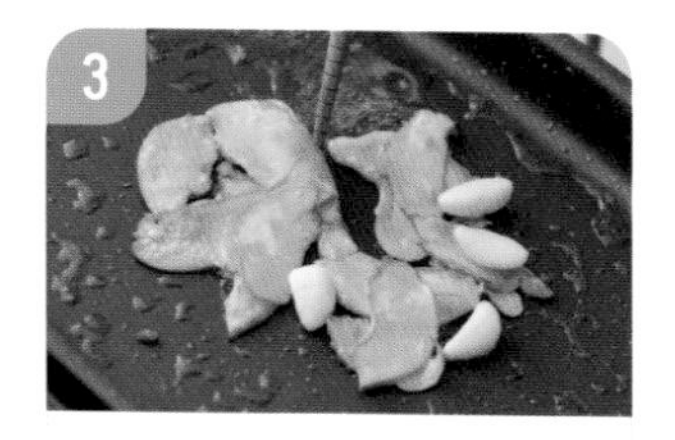

3. 加入薑片、蒜片，爆香。

4. 放入煎上色的雞腿，加入水、所有調味料。

5. 蓋上蓋子，火力調至中，燒煮5分鐘。

6. 開蓋，加入辣椒片、九層塔，拌炒均勻即可。

Tips

* 薑片、蒜片用雞皮煸出來的雞油爆香，香氣會更好。
* 九層塔不能加熱太久，會變黑。
* 使用市售醬料包，更方便快速又美味。

鹽焗蝦

用最簡單的調味料，帶出蝦子鮮甜滋味。

材料 3～4人份

白蝦 10 尾、鹽 500g、水 25cc

調味料 米酒 20cc、粗粒黑胡椒粉 3g

準備

★ 白蝦剪掉觸鬚。

☆ 白蝦用牙籤挑除泥腸。

做法

1 電烤盤倒入鹽，用鍋鏟將其均勻鋪平。

2 依序排放上白蝦。

3 均勻淋上水、米酒。

4 撒上粗粒黑胡椒。

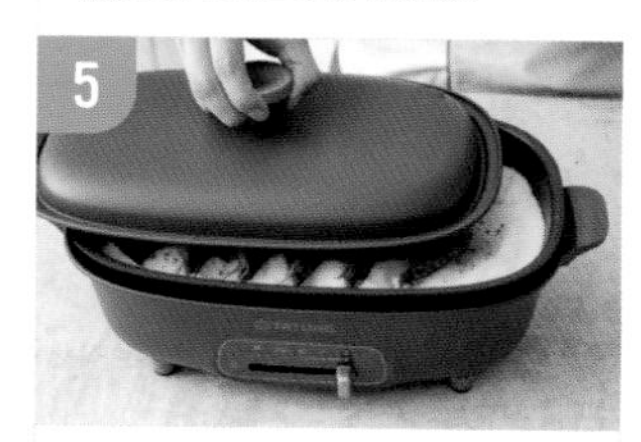

5 火力開至強，蓋上蓋子，蒸5分鐘即可。

Tips

* 買回來的蝦子若是冷凍蝦，切記要泡水退冰。

蛤蜊絲瓜燒

蛤蜊的鮮與絲瓜的甜完美結合。

材料　3～4人份

蛤蜊 100g、絲瓜 300g、薑 10g、水 1 大匙、枸杞 2g

調味料　米酒 2 大匙、鹽 1 / 4 小匙

準備

★ 蛤蜊泡水 30 分鐘吐沙。

■ 絲瓜削去外皮，切厚片；薑切細絲。

Tips

＊購買絲瓜時，請用指腹輕壓看看，偏硬的比較新鮮。

做法

1. 電烤盤倒入食用油 1 大匙，火力開至強，放入絲瓜鋪平。

2. 加入薑絲、蛤蜊、米酒、水。

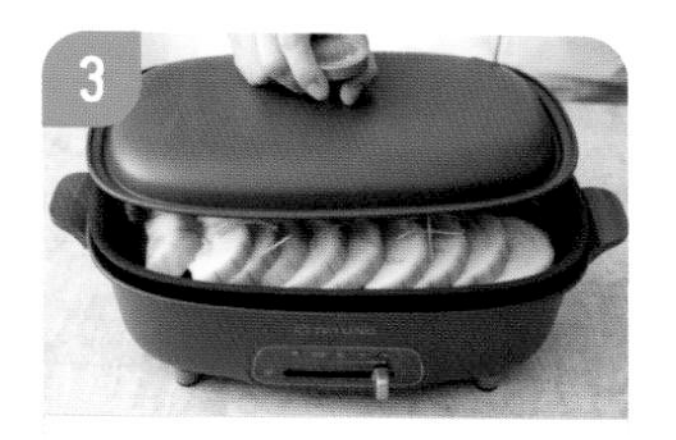

3. 蓋上蓋子，燜煮至蛤蜊全部打開。

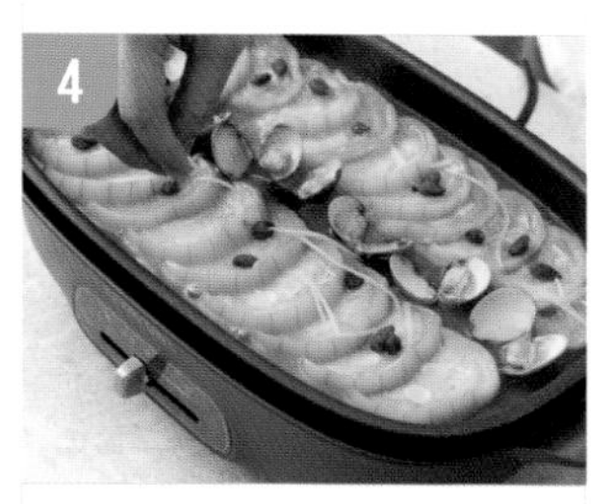

4. 打開蓋子，加入鹽，撒上枸杞即可。

金針菇肉捲

做法簡單快速，就讓大朋友小朋友愛不釋口。

材料 3～4人份

金針菇 80g、青蔥 10g、豬五花肉片 150g、水 1 大匙、熟白芝麻 適量

調味料 白胡椒粉 適量、醬油 1 / 2 大匙、味醂 1 / 2 大匙、米酒 1 / 2 大匙

準備

- 金針菇切除底部，剝成數小束；青蔥切成蔥花。

做法

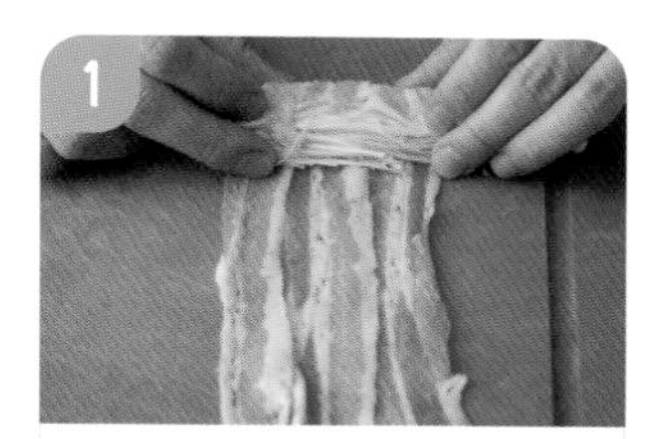

1 將豬五花肉片 3 片稍微疊放鋪平，放上一小束金針菇。

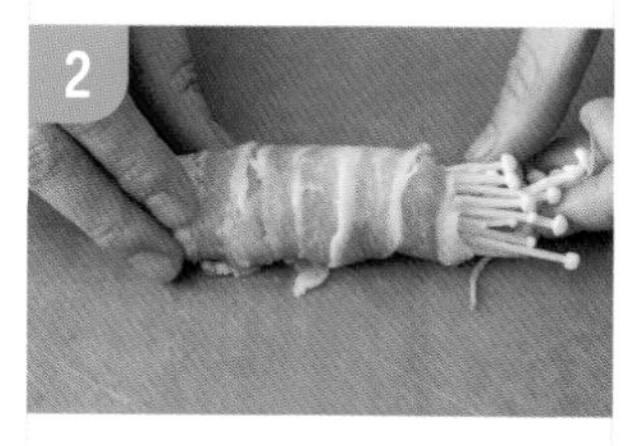

2 撒上白胡椒粉後，用肉片捲起來。

3 電烤盤倒入食用油 1 大匙，火力開至強，封口處朝下放入肉捲。

4 煎至雙面金黃，加入水、其他調味料。

5 蓋上蓋子，燜煮 1 分鐘。

6 等醬汁煮至收乾，撒上白芝麻、蔥花即可。

Tips

* 挑選油花分布均勻的豬五花肉片，吃起來才會較軟嫩。

台式小炒

拌炒一下就上桌，鹹香好下飯。

材料 3～4人份

乾魷魚 30g、乾香菇 10g、豆乾 100g、蒜仁 10g、紅辣椒 5g、青蔥 10g、芹菜 10g、豬五花肉絲 30g

調味料 醬油膏 1 大匙、白糖 1 小匙、米酒 1 / 4 小匙、柴魚粉 1 / 4 小匙、白胡椒粉 適量

準備

★ 乾魷魚用剪刀剪成條狀，泡水 30 分鐘泡發，取出瀝乾。

☆ 乾香菇泡溫水泡發，取出擠乾，切塊。

■ 豆乾、蒜仁、紅辣椒切片；青蔥、芹菜切段。

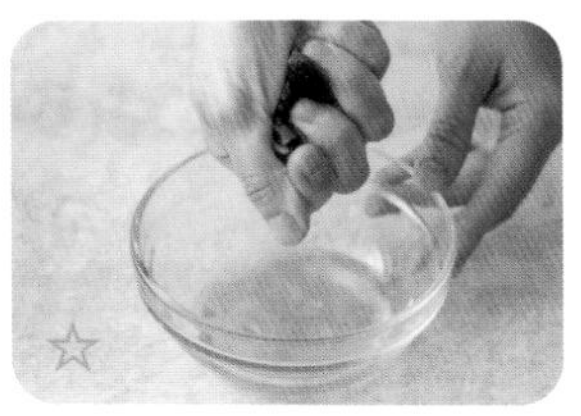

做法

1. 電烤盤倒入食用油 2 大匙，火力開至強，熱鍋。

2. 放入豬五花肉絲、豆乾片，煎至上色。

3. 加入香菇、魷魚、蒜片、辣椒片、蔥段，爆香。

4. 加入所有調味料、芹菜段，拌炒均勻即可。

Tips

* 乾魷魚要逆紋剪成條狀才不會嚼不爛。

薑燒虱目魚肚

試試看不一樣風味的煎虱目魚肚～

材料　3～4人份

虱目魚肚 1 片、豆豉 5g、青蔥 10g、薑 10g、紅辣椒 5g、水 50cc

調味料　醬油 2 小匙、醬油膏 2 小匙、二砂糖 1 小匙、米酒 1 大匙、白胡椒粉適量

準備

★ 虱目魚肚用廚房紙巾吸乾水份。

▪ 豆豉泡水 5 分鐘，取出瀝乾。

▪ 青蔥切段；薑切絲；紅辣椒切斜片。

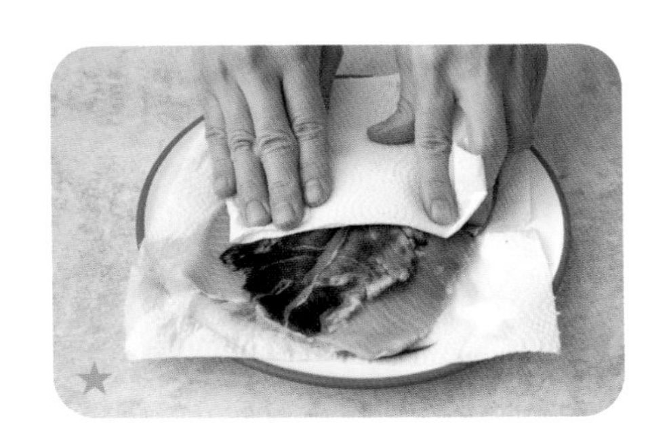

做法

1　電烤盤倒入食用油 1 大匙，火力開至強，熱鍋。

2　放入虱目魚肚，煎至雙面金黃。

3　加入蔥段、薑絲、辣椒片、豆豉，爆香。

4　加入蔥段、薑絲、辣椒片、豆豉，爆香。

5　加入水、所有調味料，煮滾。

6　火力調至中，蓋上蓋子，燒煮 3 分鐘。

Tips

* 虱目魚肚先用廚房紙巾吸乾水份，下鍋煎時才不會油爆。
* 只有使用乾豆豉才需要泡水，濕豆豉不用。

高麗菜乾肉燥

享受高麗菜乾獨有的鮮甜、清脆口感。

材料 3～4人份

高麗菜乾 50g、蒜仁 5g、紅辣椒 5g、豬絞肉 150g、油蔥酥 1 小匙、水 30cc、九層塔 5g

調味料 醬油 1 大匙、醬油膏 1 大匙、二砂糖 1 小匙、米酒 1 小匙、白胡椒粉適量、香油 1 小匙

準備

★ 高麗菜乾泡水 20 分鐘，取出瀝乾，切碎。

■ 蒜仁、紅辣椒切末。

做法

1 電烤盤倒入食用油 2 大匙，火力開至強，熱鍋。

2 放入豬絞肉，炒散至上色。

3 加入蒜末、辣椒末、油蔥酥，炒香。

4 加入高麗菜乾、水、所有調味料，拌炒均勻。

5 蓋上蓋子，燜煮 5 分鐘。

6 開蓋，加入九層塔，拌炒均勻即可。

Tips

* 高麗菜乾泡水，能降低過重的鹹味
* 九層塔不能加熱太久，會變黑。

焦糖滷味

鹹鹹甜甜的滋味，讓人一口接一口。

材料　3～4人份

青蔥 10g、蒜仁 10g、薑 10g、豆乾丁 100g、鵪鶉蛋 100g、甜不辣條 100g、水 適量

調味料　二砂糖 2 大匙、醬油 2 大匙、五香粉 1 / 4 小匙、白胡椒粉 適量

準備

- 青蔥切段；蒜仁、薑切片。

Tips

* 豆乾丁、鵪鶉蛋用鹽水汆燙過，較容易入味，也可去除腥味及雜味。
* 鹽水約加入 1 大匙鹽，讓水有明顯的鹹味即可。

做法

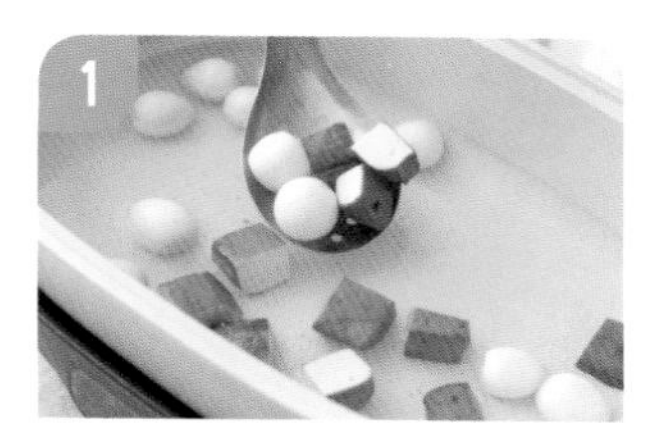

1. 電烤盤放上湯鍋，加入鹽水（份量外），放入豆乾丁、鵪鶉蛋汆燙，取出備用。

2. 倒入食用油 1.5 大匙，火力開至強，放入蔥段、蒜片、薑片爆香。

3. 加入二砂糖，炒至褐色焦糖化。

4. 加入其他調味料、其他材料、水（水量蓋過材料）。

5. 蓋上蓋子，燜煮 10 分鐘。

6. 開蓋，拌煮至醬汁完全包覆材料即可。

酥脆蚵仔煎

完美粉漿比例大公開，讓你一次就成功。

材料　1～2人份

蚵仔煎粉 60g、水 120cc、鮮蚵 120g、小白菜 60g、雞蛋 2 個

調味料　鹽 1 / 4 小匙、海山醬 適量

準備

- 蚵仔煎粉加入水、鹽拌勻，即爲粉漿。
- 鮮蚵洗淨，瀝乾。
- 小白菜切段。

做法

1

電烤盤倒入食用油 2 大匙，火力開至強，熱鍋。

2

倒入粉漿，均勻放入鮮蚵，煎至底部凝固。

3

將粉煎推至一旁，烤盤倒入食用油 1 大匙，放入小白菜炒熟。

4

在小白菜上打入雞蛋。

5

將粉煎翻面，蓋在小白菜、雞蛋上。

6

蓋上蓋子，燜煎 2 分鐘，開蓋，淋上海山醬即可。

Tips

* 蓋上蓋子，用燜煎的方式，比較能確保鮮蚵能熟透。

紅露醉蝦

酒香甘醇入味，蝦子鮮甜Q彈。

材料 3～4人份

白蝦10隻、水300cc、紅棗2粒、枸杞8粒、川芎1/2片、甘草片1/2片、當歸1/2片、人蔘鬚1/2根

調味料 二砂糖1/4小匙、鹽1/4小匙、米酒1大匙、紅露酒1大匙

準備

★ 白蝦剪掉觸鬚。

☆ 白蝦用牙籤挑除泥腸。

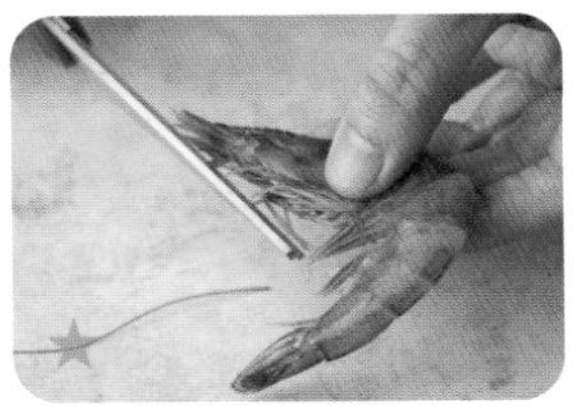

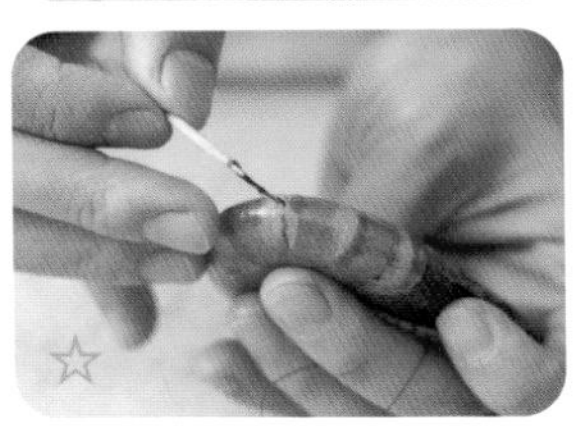

Tips

＊做法2先煮滾，停止加熱再加入酒類，能避免酒氣都揮發掉。

做法

1. 電烤盤放上深湯鍋，加入水、材料（白蝦除外）、二砂糖、鹽，煮滾。

2. 關閉電源，加入米酒、紅露酒拌匀，裝入調理盆，放入冰箱冷藏冷卻。

3. 鍋子加入水（份量外）煮滾，放入白蝦，蓋上蓋子，燜煮1分鐘。

4. 取出白蝦，放入做法2，再放入冰箱冷藏一晚即可。

醬滷鮮菇

醬香醇厚，多種菇類一次滿足。

材料 3～4人份

杏鮑菇 60g、新鮮香菇 60g、秀珍菇 60g、蒜仁 10g、薑 5g、紅辣椒 10g、水 1 大匙、香菜 10g

調味料 醬油 1／2 小匙、二砂糖 1 小匙、醬油膏 1／2 小匙、烏醋 1／2 小匙、粗粒黑胡椒粉 適量

準備

- 杏鮑菇切滾刀塊；香菇、秀珍菇切對半；蒜仁、薑切末；紅辣椒切片。

做法

1 電烤盤倒入食用油 1 大匙，火力開至強，熱鍋。

2 放入杏鮑菇、香菇、秀珍菇，煎至上色。

3 加入蒜末、薑末，拌炒爆香。

4 加入辣椒片、水、所有調味料，拌炒均勻。

5 拌炒至稍微收汁，盛盤，放上香菜即可。

Tips

* 先炒過杏鮑菇、香菇、秀珍菇能釋放出香氣。
* 之後才加入蒜末、薑末爆香，能避免炒過焦，產生苦味。

苦茶油炒時蔬

苦茶油的醇美清香，為炒時蔬增添了深厚層次。

材料 3～4人份

綠花椰菜 80g、茭白筍 50g、新鮮香菇 30g、紅蘿蔔 30g、新鮮白木耳 30g、蒜仁 10g、水 2 大匙、苦茶油 2 大匙

調味料 鹽 1 / 4 小匙、柴魚粉 1 / 4 小匙

準備

★ 綠花椰菜切成小朵，剝除表皮粗纖維。

■ 茭白筍去殼，切滾刀塊；香菇切對半；紅蘿蔔削皮，切片；白木耳切去底部，剝成小片狀；蒜仁切片。

做法

1 綠花椰菜、茭白筍汆燙 3 分鐘；香菇、紅蘿蔔、白木耳汆燙 1 分鐘，取出備用。

2 電烤盤倒入苦茶油 2 大匙，放入蒜片，爆香。

3 加入所有材料、所有調味料，拌炒均勻。

4 蓋上蓋子，燜煮 1 分鐘即可。

Tips

＊ 爲了讓每種材料一致熟透，所以汆燙的時間而有所不同。

CHAPTER
01
電烤盤
台菜煎炒煮樣樣行

麻婆豆腐

10 分鐘家常菜，香麻兼具的麻婆豆腐。

材料 3～4人份

板豆腐1盒、青蔥20g、蒜仁10g、薑5g、豬絞肉50g、水90cc、太白粉水5大匙

調味料 豆瓣醬2小匙、醬油1小匙、二砂糖1小匙、香油1小匙、辣椒粉1小匙、白胡椒粉1/4小匙、青花椒粉 適量

準備

- 板豆腐切成大小一致的方塊狀。
- 青蔥切蔥花；蒜仁、薑切末。

做法

1 電烤盤倒入食用油1大匙，火力開至強，放入豬絞肉炒至上色。

2 加入蒜末、薑末，炒香。

3 加入水、調味料（花椒粉除外）煮滾。

4 放入豆腐塊，燒煮5分鐘。

5 加入太白粉水勾芡。

6 撒上花椒粉、蔥花即可。

Tips

* 太白粉水的比例爲太白粉2大匙：水4大匙。
* 豆腐切一致的尺寸，才能每塊都一致入味。

回鍋年糕

年糕吃不完怎辦？就做成回鍋年糕吧！

材料　3 ～ 4 人份

高麗菜 50g、蒜苗 30g、紅辣椒 15g、蒜仁 15g、豬五花肉絲 50g、韓式年糕 200g、水 2 大匙

調味料　豆瓣醬 2 小匙、醬油 1 小匙、二砂糖 1 小匙、米酒 1 小匙、白胡椒粉 1 / 4 小匙

準備

- 高麗菜剝成片狀；蒜苗、紅辣椒切斜片；蒜仁切片。

做法

電烤盤倒入食用油 1 大匙，火力開至強，放入豬五花肉絲炒香。

加入蒜片、辣椒片，爆香。

加入年糕、水、所有調味料。

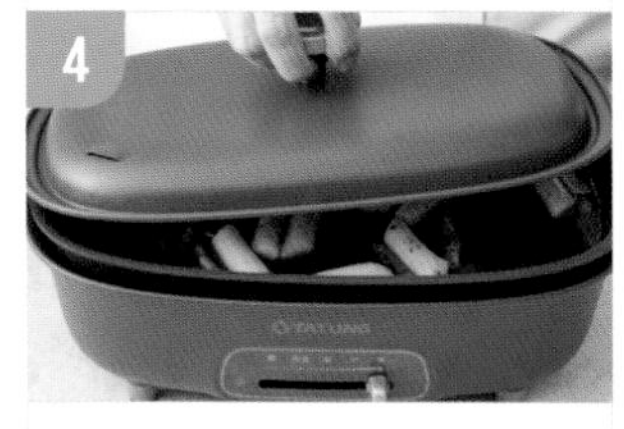

蓋上蓋子，燜煮 5 分鐘。

加入高麗菜，再燜煮 1 分鐘。

開蓋，均勻撒上蒜苗即可。

Tips

* 也可使用片狀的寧波年糕來製作這道料理。
* 使用市售醬料包，更方便快速又美味

古早味炒米粉

令人無法忘記的經典台菜好滋味！

材料　3～4人份

乾香菇 15g、乾蝦米 5g、乾米粉 120g、紅蘿蔔 10g、高麗菜 50g、青蔥 10g、芹菜 10g、蒜仁 10g、豬五花肉絲 30g、油蔥酥 1 大匙、水 250cc

調味料　醬油 3 大匙、二砂糖 1/2 大匙、米酒 1 小匙、烏醋 1 小匙、香油 1 大匙、柴魚粉 1 / 4 小匙、白胡椒粉適量

準備

- ★ 乾香菇泡水 20 分鐘（浸泡水留下），擠乾水份，切絲。
- 乾蝦米泡水 20 分鐘（浸泡水留下），取出瀝乾。
- 乾米粉泡水 20 分鐘，取出瀝乾。
- 紅蘿蔔、高麗菜切絲；青蔥、芹菜切段；蒜仁切片。

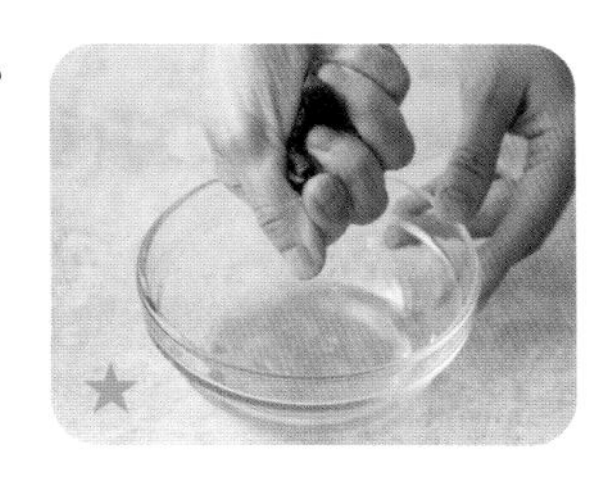

做法

1. 電烤盤放上湯鍋，倒入食用油 2 大匙，火力開至強，加入豬五花肉絲炒香。

2. 加入蒜片、蔥段、蝦米、香菇絲，爆香。

3. 加入高麗菜絲、紅蘿蔔絲、油蔥酥、水、所有調味料煮滾。

4. 加入米粉，拌炒均勻。

5. 蓋上蓋子，燜煮 3 分鐘。

6. 開蓋，撒上芹菜段即可。

Tips

＊ 材料的水 250cc 即爲浸泡乾香菇、乾蝦米的留下的水。

酸白菜炒牛肉

這樣炒牛肉，肉嫩多汁、酸香好開胃。

材料 3～4人份

酸白菜 100g、青蔥 10g、紅辣椒 10g、蒜仁 10g、牛梅花肉片 150g、水 2 大匙

醃　料 鹽 1 / 4 小匙、醬油 1 小匙、水 1 大匙、太白粉 1 大匙、香油 1 小匙

調味料 醬油 1 / 2 大匙、二砂糖 1 / 2 大匙、米酒 1 大匙、柴魚粉 1 / 4 小匙、白胡椒粉 適量

準備

★ 酸白菜切絲，放到水龍頭下，以流水浸泡30分鐘，取出瀝乾。

■ 青蔥分成蔥白、蔥綠，切段；紅辣椒、蒜仁切片。

Tips

* 酸白菜浸泡流水，能去除過多的鹽份。
* 酸白菜先炒過，能讓酸氣少一點。
* 牛梅花肉炒至半熟即可，口感才不會過老。

做法

1 取調理盆，加入牛梅花肉片、所有醃料，抓醃均勻。

2 電烤盤倒入食用油2大匙，火力開至強，放入牛梅花肉片炒至半熟，取出備用。

3 再倒入些許食用油，加入蔥白、辣椒片、蒜片爆香。

4 再加入酸白菜絲，炒香。

5 加入半熟的牛梅花肉片，拌炒均勻。

6 加入水、所有調味料、蔥綠，拌炒均勻即可。

酸菜魚

川味與台味融合，鮮甜酸麻，爽口不膩。

材料 3～4人份

午仔魚1尾、酸菜心100g、乾腐竹20g、乾川耳5g、高麗菜120g、蒜仁20g、薑10g、青蔥10g、乾辣椒5g、水600cc、花椒粒 適量

醃　料 鹽1/4小匙、柴魚粉1/4小匙、米酒1小匙、白胡椒粉1/4小匙、太白粉1/2小匙、水1大匙

調味料 雞湯塊1塊、鹽1/4小匙、二砂糖1大匙、柴魚粉1/4小匙、白胡椒粉1/4小匙、白醋1大匙、藤椒油1小匙

準備

- ★ 午仔魚去鱗去內臟，魚身劃刀。
- ▪ 酸菜心切小片，放到水龍頭下，以流水浸泡 30 分鐘，取出瀝乾。
- ▪ 乾腐竹、乾川耳泡水 30 分鐘，切小塊。
- ▪ 高麗菜剝成片狀；蒜仁切末；薑切絲；青蔥切段；乾辣椒剪成小段。

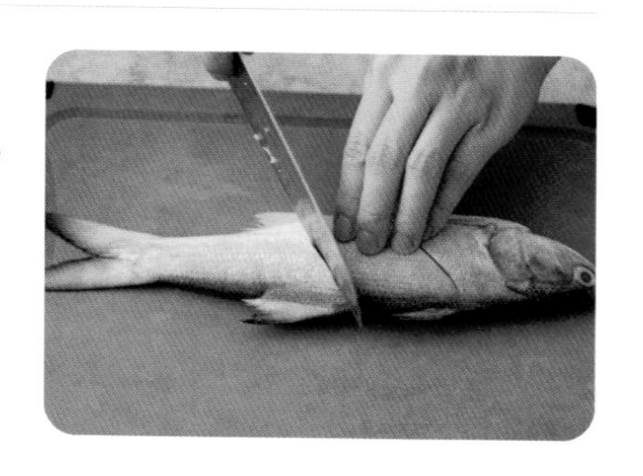

做法

1 午仔魚、加入所有醃料，塗抹均勻，醃漬 20 分鐘。

2 電烤盤放上湯鍋，倒入食用油 3 大匙，火力開至強，加入蔥薑蒜、乾辣椒、酸菜爆香。

3 加入水、調味料（白醋、藤椒油除外）煮滾。

4 加入午仔魚、腐竹、川耳、高麗菜，煮滾。

5 蓋上蓋子，燜煮 10 分鐘。

6 開蓋，將湯汁澆淋在魚上身。

7 最後，加入白醋、藤椒油、花椒粒即可。

Tips

* 午仔魚魚身劃刀能更好入味。

CHAPTER
01
電烤盤
台菜煎炒煮樣樣行

燒午仔魚

經典的古早台菜好滋味。

材料　3～4人份

午仔魚1尾、青蔥10g、蒜仁10g、紅辣椒5g、水6大匙

調味料 醬油1/2大匙、醬油膏1/2大匙、二砂糖1/2小匙、白胡椒粉1/4小匙、米酒1/4小匙、烏醋1/4小匙匙

準備

★ 午仔魚去鱗去內臟，用廚房紙巾吸乾水份。

■ 青蔥分成蔥白、蔥綠，切段；蒜仁、紅辣椒切片。

做法

1 電烤盤倒入食用油2大匙，火力開至強，放入午仔魚，雙面煎上色。

2 加入蒜片、蔥白、辣椒片，爆香。

3 加入水、所有調味料，煮滾。

4 蓋上蓋子，燜煮5分鐘。

5 開蓋，將湯汁澆淋在魚上身，煮至湯汁濃稠，撒上蔥綠即可。

Tips

＊ 午仔魚先用廚房紙巾吸乾水份，下鍋煎時才不會油爆。

CHAPTER 02

電鍋

懶人台菜輕鬆上桌

TATUNG

認識電鍋

電鍋不只能復熱菜肴，更能做出蒸、煮、燉、滷等料理，只要將外鍋加入適量的水，內鍋放入要烹調的食材，蓋上鍋蓋，按下蒸煮按鍵，待按鍵跳起即可。本書以 10 人份的電鍋示範，若使用其他尺寸電鍋，請斟酌食材份量與水量。

電鍋外鍋

市面上電鍋通常分爲外鍋與內鍋，外鍋的部分不論顏色或款式琳瑯滿目，可以依照自己喜歡的款式與顏色做挑選。

蒸盤

市面上有各種不同款式與高度的蒸盤或蒸架，購買電鍋時會附贈蒸盤，也可以依照自己的需求來添購蒸架。

電鍋內鍋

內鍋最好使用不鏽鋼材質，更安全更健康。另外通常會附有一個蓋子，蓋子可以用來預防蒸氣的滲入。

米杯

米杯是計算電鍋蒸煮時間很重要的工具，也是煮白米飯時測量水量的工具之一。

電鍋烹調小技巧

讓燉煮料理醬汁更濃稠

電鍋燉煮料理，要如何做出濃稠的醬汁呢？只要在燉煮完成後，將食材與醬汁分開，將醬汁燒煮至濃稠，或是整鍋直接燒煮到醬汁發亮即可。

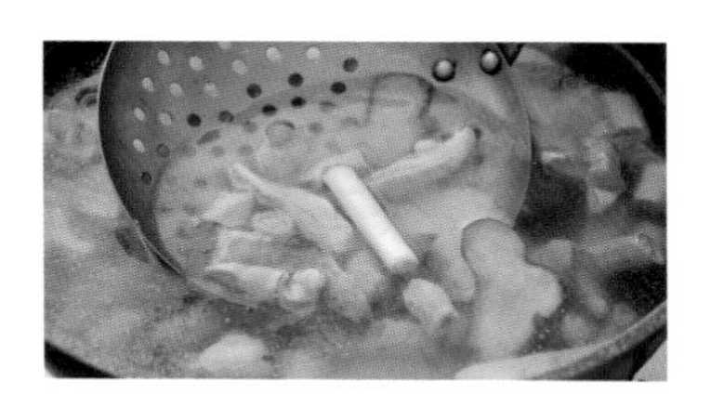

食材醃拌汆燙不可少

電鍋燉煮肉類時，先醃漬過，讓醬料進入食材中。必須長時間燉煮的肉類，則是先汆燙過，不僅可以去除雜質、血水和腥味，還能縮短燉煮時間。

調味料不宜太早加入

電鍋料理的調味料，建議等食材煮熟後再加入，因為鹽會使肉類蛋白質凝固。此外，米酒等酒類調味料容易揮發，最好等開關跳起後再加入。

辛香料先爆香再燉煮

蔥、薑、蒜等辛香料直接放入電鍋燉煮，香氣可能不夠濃郁，建議先爆香過，再加入與其他食材一起燉煮。

清潔

1. 若鍋底因為溢出的湯汁或醬汁燒焦，可以趁熱倒入少量的水浸泡一下，之後再倒掉水，用抹布擦拭乾淨即可。
2. 電鍋使用一段時間後，外鍋內會產生水垢，此時，可以加入約八分滿的水，再加入 1 米杯的白醋。按下蒸煮開關至滾沸後關閉，重複幾次清除水垢。

青花椒牛小排

微麻不嗆辣，令人忍不住口水直流。

材料　3～4人份

酸白菜 100g、薑 10g、帶骨牛小排 300g、玉竹粉 1／4 小匙、沙蔘粉 1／4 小匙、淮山粉 1／4 小匙、黃耆粉 1／4 小匙、水 1500cc、新鮮青花椒 適量

調味料　柴魚粉 1 小匙、鹽 2 小匙、米酒 1 大匙、二砂糖 1／2 小匙、藤椒油 2 小匙

準備

★ 酸白菜切絲，放到水龍頭下，以流水浸泡 30 分鐘，取出瀝乾。

▪ 薑切片。

做法

1 牛小排放入滾水汆燙 3 分鐘。

2 取出牛小排，用清水沖洗乾淨。

3 電鍋外鍋倒入 3 杯水，再放入內鍋。

4 內鍋放入材料（青花椒除外）、調味料(藤椒油除外)，蓋上鍋蓋，按下炊煮開關。

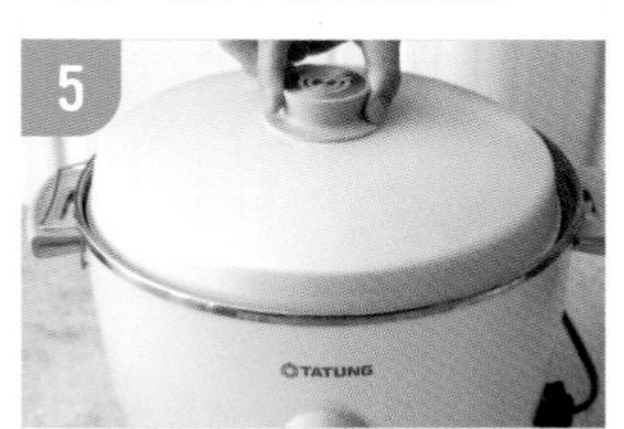

5 炊煮開關跳起，再燜 40 分鐘。

6 盛盤，放上新鮮青花椒，淋上藤椒油即可。

Tips

* 酸白菜浸泡流水能去除過多的鹽份。
* 牛小排汆燙過能去除血水。

家傳麻油雞

暖身又暖心的麻油雞，是傳承家的好滋味。

材料 3～4人份

仿土雞腿 600g、玉米 1 支、老薑 50g、水 500cc、枸杞 10 粒、紅棗 3 粒

調味料 麻油 1.5 大匙、米酒 500cc、柴魚粉 1 / 2 小匙

準備

- 仿土雞腿、玉米切塊；老薑切片。

做法

1 鍋子倒入食用油 1.5 大匙，放入麻油、老薑片，以小火煸乾。

2 加入雞腿塊，煎至表面上色，放入電鍋內鍋。

3 外鍋倒入 1 杯水，再放入內鍋。

4 內鍋加入水、枸杞、紅棗、米酒，蓋上鍋蓋，按下炊煮開關。

5 炊煮開關跳起，加入柴魚粉拌勻即可。

Tips

* 也可將水替換成米酒，全酒麻油雞的味道會更鮮甜。

雞汁臭豆腐

吸飽雞汁的臭豆腐與肉末，越臭越好吃！

材料　3～4 人份

臭豆腐 3 塊、蒜仁 20g、紅辣椒 適量、毛豆仁 5g、豬絞肉 50g、高湯 200cc

調味料　醬油 1 小匙、二砂糖 1 / 4 小匙、柴魚粉 1.5 小匙、鹽 1 / 4 小匙、白胡椒粉 1 / 4 小匙

準備

- 臭豆腐切小塊；蒜仁切末；紅辣椒切斜片。
- 毛豆仁放入滾水汆燙至熟。

做法

1. 鍋子倒入食用油 1 大匙，放入豬絞肉炒散。

2. 加入高湯、蒜末、所有調味料煮滾。

3. 電鍋外鍋倒入 2 杯水，再放上蒸架。

4. 做法 2 盛碗，加入臭豆腐，放入電鍋，蓋上鍋蓋，按下炊煮開關。

5. 炊煮開關跳起，取出，放上毛豆仁、辣椒片即可。

Tips

* 建議挑選臭臭鍋用的軟臭豆腐，比較容易入味。

藥膳四神湯

台味十足的輕藥膳料理，暖心又暖胃。

材料　3～4人份

A　豬肚 1 / 2 個、豬小腸 100g、青蔥 30g、薑 30g、豬排骨 100g、高湯 1500cc

B　當歸尾 1 / 2 片、芡實 20g、淮山 20g、薏仁 50g、蓮子 20g

調味料　米酒 200cc、柴魚粉 1 小匙、鹽 1 小匙

準備

- 豬肚切塊；豬小腸剪小段；青蔥切段；薑切片。

做法

1 豬排骨放入滾水汆燙 3 分鐘。

2 取出豬排骨，沖水洗淨，放入電鍋內鍋。

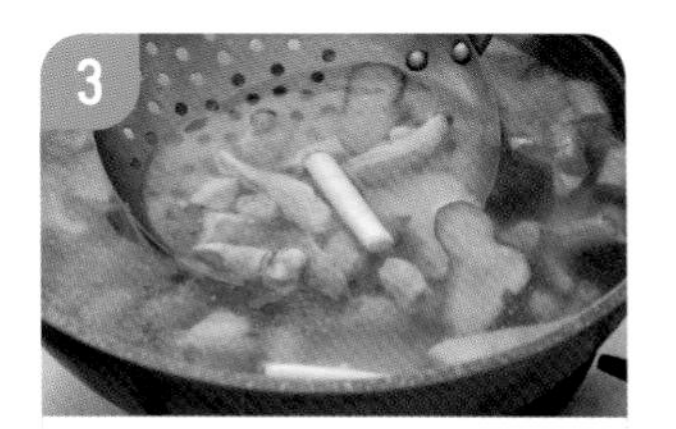

3 豬肚、豬小腸、蔥段、薑片放入滾水煮 1 小時。

4 取出豬肚、豬小腸，沖水洗淨，清除肥油與雜質，放入電鍋內鍋。

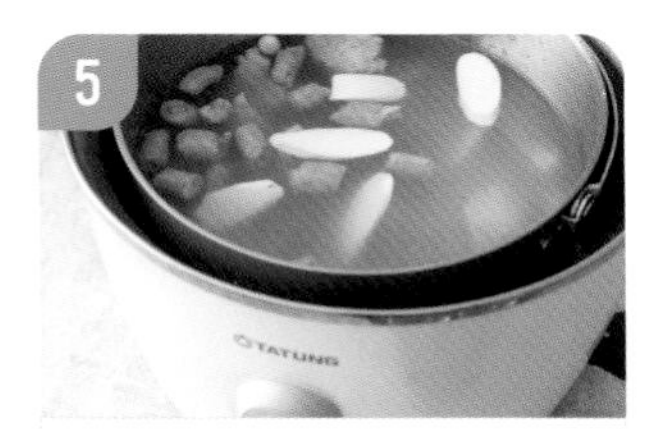

5 加入材料 B、高湯、米酒，外鍋倒入 2 杯水，放入內鍋，蓋上鍋蓋，按下炊煮開關。

6 炊煮開關跳起，加入柴魚粉、鹽拌勻即可。

Tips

* 先加入鹽的話，薏仁、芡實、蓮子等乾貨容易煮不透，導致口感不好。

魷魚螺肉蒜

復刻台灣最具代表性的酒家菜。

材料 3～4人份

乾魷魚1尾、乾香菇30g、芹菜20g、蒜苗50g、豬排骨300g、螺肉罐頭1罐、水1500cc

調味料 米酒100cc、柴魚粉1小匙、鹽1.5小匙、白胡椒粉1/4小匙

準備

★ 乾魷魚用剪刀剪成條狀，泡水30分鐘泡發，取出瀝乾。

- 乾香菇泡溫水泡發，擠乾水份。
- 芹菜、蒜苗切斜段。

做法

1 豬排骨放入滾水汆燙3分鐘，去血水。

2 取出豬排骨，沖洗洗淨，備用。

3 鍋子倒入食用油1大匙，加入魷魚條、香菇片炒香，放入電鍋內鍋。

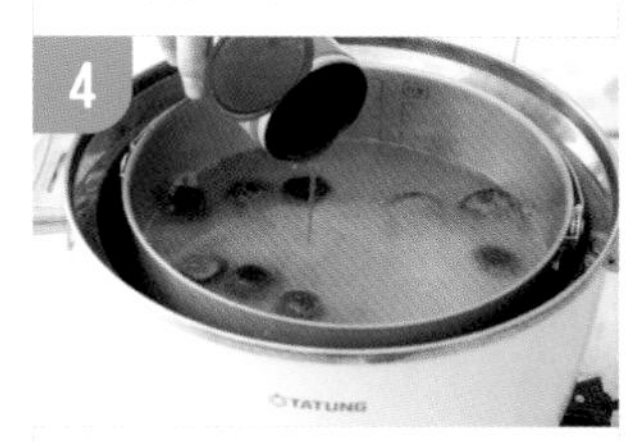

4 加入豬排骨、螺肉罐頭(含湯汁)、水、所有調味料，外鍋倒入2杯水，蓋上鍋蓋，按下炊煮開關。

5 炊煮開關跳起，加入蒜苗、芹菜。

6 外鍋再倒入半杯水，按下炊煮開關，煮至開關跳起即可。

Tips

* 乾魷魚要逆紋剪成條狀才不會嚼不爛。

酸菜滷肉刈包

Q 彈滷肉配上鹹香酸菜，美味一氣呵成。

材料 3 ～ 4 人份

刈包 4 片、酸菜絲 100g、豬五花肉 300g、蒜仁 30g、紅辣椒 5g、青蔥 10g、薑 10g、水 300cc、有糖花生粉 適量、香菜 適量

調味料 A 二砂糖 1 小匙、白胡椒粉 1 / 2 小匙

B 醬油 2 大匙、二砂糖 2 大匙、醬油膏 1 大匙、米酒 1 大匙、白胡椒 粉 1 / 2 小匙、鹽 1 / 2 小匙

準備

- 刈包放入電鍋，外鍋倒入 1 杯，蒸煮 15 分鐘，保溫備用。
- 酸菜絲放到水龍頭下，以流水浸泡 30 分鐘，取出瀝乾。
- 豬五花肉切 1 公分厚片；蒜仁 10g、紅辣椒切末；青蔥切段；薑切片。

做法

1

鍋子倒入食用油 1 大匙，加入蒜末、辣椒末爆香。

2

加入酸菜絲，炒乾水份，加入調味料 A 拌炒均勻，取出備用。

3

豬五花肉放入滾水汆燙，取出瀝乾。

4

豬五花肉加入醬油，抓醃均勻，備用。

5

鍋子倒入食用油 1 大匙，加入蔥段、薑片、蒜仁 20g 爆香。

6

加入二砂糖，炒至褐色焦糖化。

7

加入豬五花肉，煎至表面上色，放入電鍋內鍋。

8

內鍋加入水、其他調味料，外鍋倒入 2 杯水，蓋上鍋蓋，按下炊煮開關。

9

炊煮開關跳起，再燜 30 分鐘。

10

將刈包皮夾入滷肉，加入炒酸菜、花生粉、香菜即可。

Tips

* 酸菜絲浸泡流水，能去除過多的鹽份。

CHAPTER
02
電鍋
懶人台菜輕鬆上桌

千層玫瑰白菜

視覺、味覺雙重享受的華麗鍋物！

材料 3～4人份

大白菜葉200g（約6片）、鴻喜菇10g、紅辣椒5g、豬五花肉片20g、水200cc

調味料 柴魚粉1小匙、鹽1小匙

準備

- 大白菜剝成一葉一葉。
- 鴻喜菇切除根部；紅辣椒切斜片。

做法

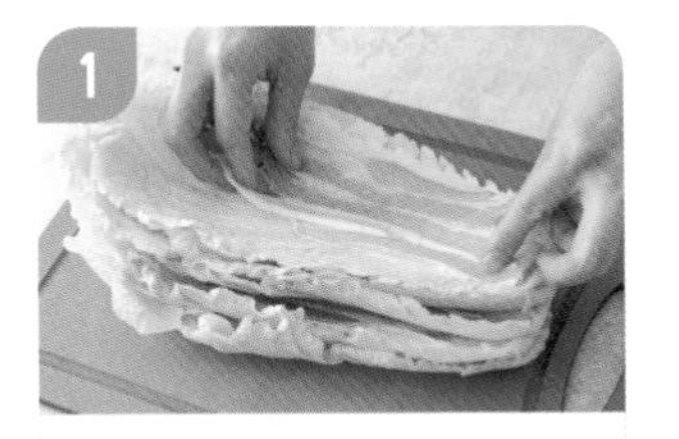

1. 大白菜內葉鋪上一層豬五花肉，再蓋上一片大白菜，重複動作至完成5層。

2. 將千層白菜切成2.5公分寬。

3. 從外向內，擺放入缽型鍋具。

4. 正中間空位，放入白菜嫩葉、鴻喜菇。

Tips

＊可以插入牙籤固定大白菜跟肉片，會比較方便好切。

5. 將水、所有調味料拌勻，加入鍋中，放入電鍋，外鍋倒入1杯水，蓋上鍋蓋，按下炊煮開關。

6. 蒸至開關跳起，取出，放上辣椒片即可。

草菇肉羹湯

Q 彈鮮甜的赤肉羹與草菇絕配。

材料　3～4人份

A 酸筍絲 50g、大白菜 50g、紅蘿蔔 30g、新鮮黑木耳 30g、草菇罐頭 1 / 2 罐、水 1000cc、油蔥酥 2 大匙

B 豬後腿肉 100g、花枝漿 75g、太白粉水 7 大匙

醃料 鹽 1 / 4 小匙、二砂糖 1 / 4 小匙、白胡椒粉 1 / 4 小匙、香油 1 / 2 小匙、米酒 1 / 4 小匙、水 1 大匙、太白粉 1 小匙

調味料 柴魚粉 2 小匙、扁魚粉 1 小匙、醬油 2 小匙、鹽 1 / 2 小匙、白胡椒粉 1 / 4 小匙

準備

- 酸筍絲沖洗乾淨。
- 大白菜、紅蘿蔔、黑木耳、豬後腿肉切絲。

做法

1

電鍋內鍋放入材料 A、所有調味料，外鍋倒入 1 杯水，蓋上鍋蓋，蒸至開關跳起。

2

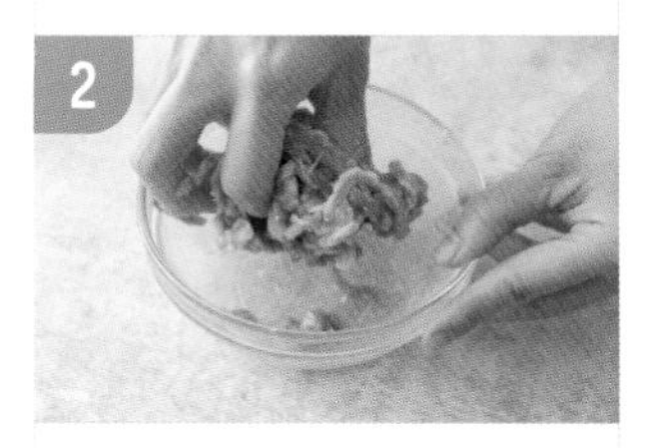

取調理盆，加入豬肉絲、所有醃料，抓醃均匀。

3

再加入花枝漿，攪拌均勻。

4

用手掌虎口掐捏成塊狀放入湯中，外鍋加入半杯水，蒸煮至開關跳起。

5

邊攪拌邊加入太白粉水，外鍋再加入半杯水，蒸煮至開關跳起即可。

Tips

* 酸筍絲沖洗過，能去除酸味。
* 食用前依個人口味加入蒜泥、香菜、烏醋。
* 太白粉水比例為太白粉 3 大匙：水 5 大匙。

鮮筍排骨湯

用電鍋輕鬆做出清甜好喝的湯品。

材料 3～4人份

帶殼綠竹筍 200g、豬軟骨排 200g、薑片 2 片、水 1500cc

調味料 米酒 20cc、鹽 1 / 2 小匙、柴魚粉 1 / 2 小匙

準備

★ 綠竹筍連殼泡水保存。

☆ 綠竹筍剝去外殼，切片，並將外殼裝入紗布袋。

做法

1 豬軟骨排放入滾水汆燙3分鐘，去血水。

2 取出豬軟骨排，用清水沖洗乾淨。

3 電鍋內鍋加入所有材料、紗布袋、米酒。

4 外鍋倒入2杯水，蓋上鍋蓋，按下炊煮開關。

5 開關跳起後，取出紗布袋，加入柴魚粉、鹽拌勻即可。

Tips

* 剛買回來的綠竹筍，連殼泡水，有助於保持鮮度。
* 剝下的筍殼用紗布袋包起來，一起放入內鍋熬煮，讓湯頭的香味更濃郁。

滷牛腱

一鍋 OK ！肉質軟嫩、醬滷入味。

材料 3 ～ 4 人份

A 小茴香 2g、八角 2g、大紅袍花椒 1g、甘草片 2g、桂皮 2g、紹興酒 1 小匙

B 青蔥 20g、老薑 15g、蒜仁 15g、牛腱心 2 個、水 1500cc

調味料

A 味噌 1 大匙、辣豆瓣 2 大匙、陳年豆瓣 2 大匙、番茄醬 1 大匙、醬油 2 大匙

B 二砂糖 1 大匙、雞粉 1 / 2 小匙、鹽 1 / 2 小匙

蜜芋頭

不怕芋頭煮不透！電鍋輕鬆完成。

材料 3～4人份

芋頭500g、水600cc

調味料 細砂糖200g、米酒50cc

準備

★ 戴上手套，將芋頭削皮，切塊。

做法

電鍋外鍋倒入2杯水。

內鍋加入芋頭塊、水，蓋上鍋蓋，按下炊煮開關。

蒸至開關跳起，開蓋，加入細砂糖、米酒。

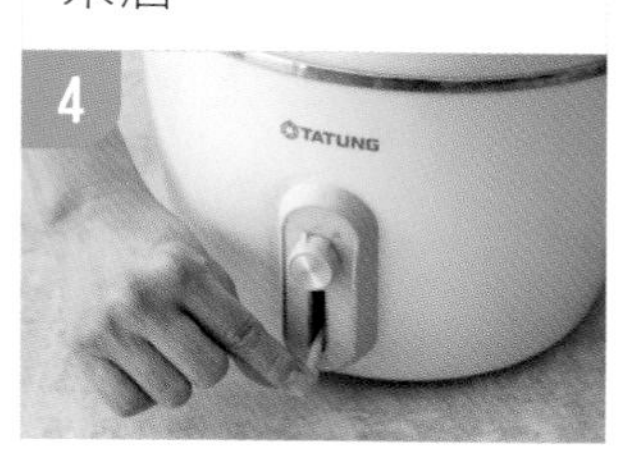

外鍋再倒入1杯水，蒸至開關跳起後，放涼即可。

Tips

* 芋頭去皮前不可水洗，釋出的黏液會使皮膚發癢，建議戴上手套，去完皮再沖洗乾淨。
* 芋頭不要切太小塊，蒸煮後才不會糊掉，冷卻後口感才會Q軟。

烏金鳳爪

烏金般閃閃發亮的唰嘴雞爪！

材料 3～4人份

仿土雞腳 600g、燒酒雞滷包 1 / 2 包、水 560cc

調味料 醬油 100cc、二砂糖 20g、柴魚粉 1 小匙、米酒 40cc

準備

- 仿土雞腳切塊。

做法

1. 雞腳放入滾水汆燙 3 分鐘。

2. 取出雞腳，沖水清洗乾淨。

3. 外鍋倒入 2 杯水，再放入內鍋。

4. 內鍋加入所有材料、調味料，蓋上鍋蓋，按下炊煮開關。

5. 蒸至開關跳起後，再燜 30 分鐘即可。

Tips

* 土雞腳肉質較厚、膠質更多，若買不到可使用一般白雞腳。

風味肉燥

只要這一鍋，配飯下麵都沒問題！

材料 3～4人份

乾香菇 30g、豬絞肉 600g、油蔥酥 160g、蒜酥 20g、水 800cc

調味料 醬油 200cc、米酒 2 大匙、二砂糖 1 大匙、白胡椒粉 適量

準備

- 乾香菇泡溫水泡發（浸泡水留下），擠乾水份，切小塊。

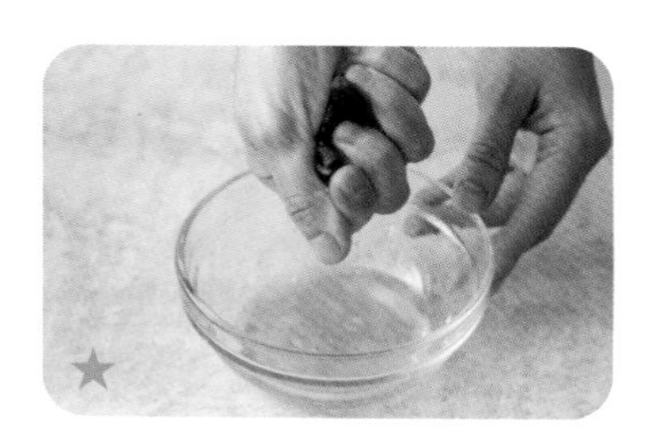

做法

1. 炒鍋倒入食用油 2 大匙，加入豬絞肉，炒散至上色。

2. 先再加入香菇塊，炒香。

3. 加入油蔥酥、蒜酥、所有調味料，拌炒均勻，放入電鍋內鍋。

4. 加入水，外鍋倒入 2 杯水，蓋上鍋蓋，按下炊煮開關。

5. 蒸至開關跳起後，再燜 30 分鐘即可。

Tips

* 豬絞肉挑選肥一點、帶皮尤佳，膠質比較豐富，做成肉燥才會好吃。
* 材料水 800cc 包含香菇的浸泡水。

紅麴燒軟排

紅麴香氣十足，軟排滑嫩Q彈。

材料 3～4人份

青蔥 10g、豬軟骨排 600g、蒜仁 25g、水 400cc

調味料 冰糖 1 大匙、二砂糖 1 小匙、紹興酒 1 大匙、醬油 4 大匙、紅麴醬 1 / 2 大匙、白胡椒粉 1 / 4 小匙

準備

- 青蔥切段。

做法

1. 豬軟骨排放入滾水汆燙 3 分鐘，去血水。

2. 取出豬軟骨排，用清水沖洗乾淨，備用。

3. 鍋子倒入食用油 1 大匙，加入蔥段、蒜仁爆香。

4. 加入冰糖、二砂糖，炒至褐色焦糖化。

5. 加入軟骨排，煎至上色，放入電鍋內鍋。

6. 內鍋加入水、其他調味料，外鍋倒入 2 杯水，蓋上鍋蓋，按下炊煮開關。

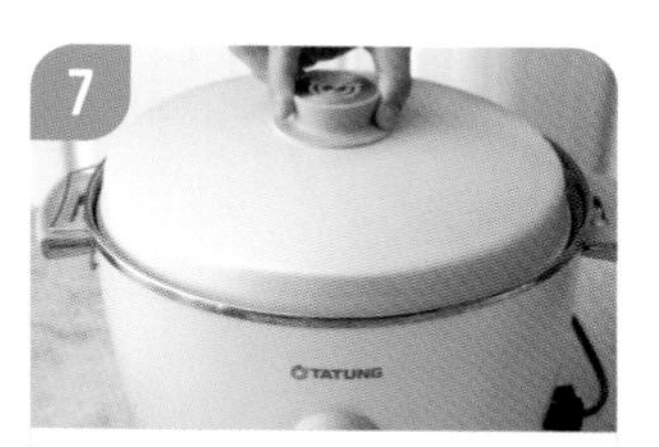

7. 炊煮開關跳起後，再燜 30 分鐘即可。

Tips

* 若沒有紹興酒，可以用米酒取代。

醬鳳梨蒸鮮魚

清香甘甜，醬香繚繞，爽口不膩。

材料 1～2 人份

鱸魚肉片 150g、青蔥 10g、薑 10g、紅辣椒 5g、蔭鳳梨 40g、水 3 大匙

調味料 米酒 1/2大匙、醬油 1小匙、二砂糖 1小匙、香油 1小匙、蔥風味油 1大匙、白胡椒粉 少許

準備

★ 鱸魚肉片，用廚房紙巾吸乾水份。

☆ 在鱸魚肉片上劃刀。

■ 青蔥、薑切絲；紅辣椒切片。

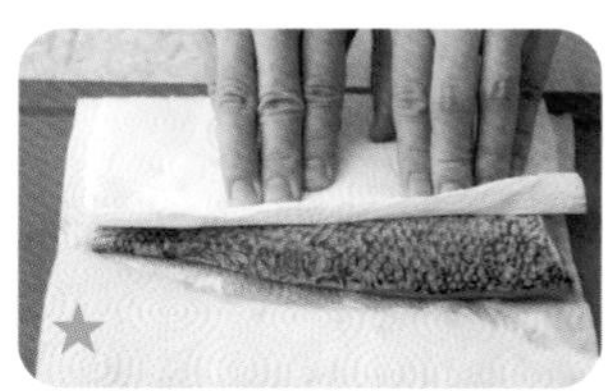

Tips

＊蒸魚時可以封上保鮮膜，風味比較不會被蒸氣的水份稀釋。

做法

1

蒸盤放上鱸魚片，加入蔭鳳梨、米酒，放上薑絲、蔥絲。

2

放入電鍋，外鍋倒入半杯水，蓋上鍋蓋，按下炊煮開關。

3

蒸至開關跳起後，放上辣椒片，將水、其他調味料拌勻，淋在魚身上。

4

外鍋再倒入半杯水，蓋上鍋蓋，按下炊煮開關，蒸至開關跳起即可。

麻辣鴨血

讓人吃了大呼過癮的麻辣鴨血。

材料 3～4人份

鴨血 500g、水 500 cc

調味料 豆瓣醬 1 大匙、麻辣醬 2 大匙、雞粉 1 小匙、鹽 1 小匙、柴魚粉 1 小匙、白胡椒粉 適量

準備

★ 鴨血切塊，放到水龍頭下，以流水浸泡 30 分鐘。

Tips

* 鴨血加熱過久會產生孔洞，影響口感，用浸泡入味才會好吃。

做法

1. 鍋子倒入食用油 1 大匙，加入豆瓣醬炒香。

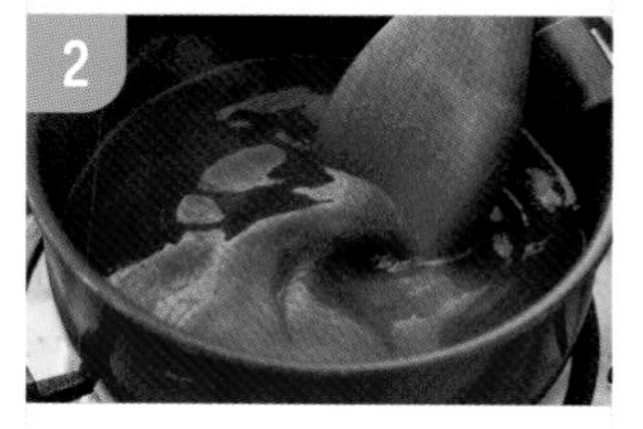

2. 加入水、其他調味料拌勻，倒入電鍋內鍋，加入鴨血。

3. 外鍋倒入 1 杯水，放入內鍋，蓋上鍋蓋，按下炊煮開關。

4. 蒸至開關跳起，取出放置 3 小時浸泡入味即可。

時蔬白菜滷

讓蔬菜變得鮮甜軟嫩超下飯。

材料 3～4人份

乾香菇10g、白蘿蔔100g、紅蘿蔔100g、大白菜600g、老薑15g、角螺豆皮100g、水500 cc

調味料 胡麻油1大匙、香菇素蠔油1/2大匙、鹽1小匙、柴魚粉1小匙、白胡椒粉1/4小匙

準備

★ 乾香菇泡溫水20分鐘(浸泡水留下），擠乾水份。

☆ 角螺豆皮浸泡熱水至軟化，備用。

■ 白蘿蔔、紅蘿蔔削皮，切塊；大白菜切段；老薑切片。

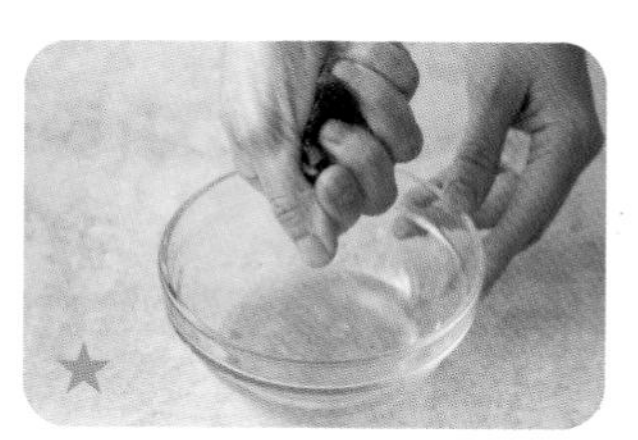

做法

1. 鍋子倒入食用油1大匙，加入胡麻油、老薑片、香菇爆香。

2. 電鍋外鍋倒入2杯水，放入內鍋。

3. 做法1放入內鍋，加入其他材料、調味料。

4. 蓋上鍋蓋，按下炊煮開關，蒸至開關跳起即可。

Tips

* 材料的水500cc包含浸泡乾香菇留下的水。
* 角螺豆皮浸泡熱水除了軟化，還能稍微去除油耗味。

旺來杏仁銀耳露

口感滑順，香甜卻不膩口的養生甜湯。

材料　3～4人份

新鮮白木耳 100g、新鮮鳳梨肉 700g、杏仁凍 50g、水 750cc、紅櫻桃適量

調味料　二砂糖 600g、冰糖 100g

準備

- 白木耳切去底部，剝成小片狀，泡水 15 分鐘。
- 鳳梨肉、杏仁凍切小塊狀。

Tips

＊建議白木耳與鳳梨糖漿調配的比例爲 1：5，並加入新鮮鳳梨塊一起食用。

做法

1. 炒鍋加入鳳梨肉、二砂糖，炒至焦糖化、鳳梨水份蒸發，放涼備用。

2. 電鍋內鍋加入白木耳、水，外鍋倒入 1 杯水，蓋上鍋蓋，按下炊煮開關。

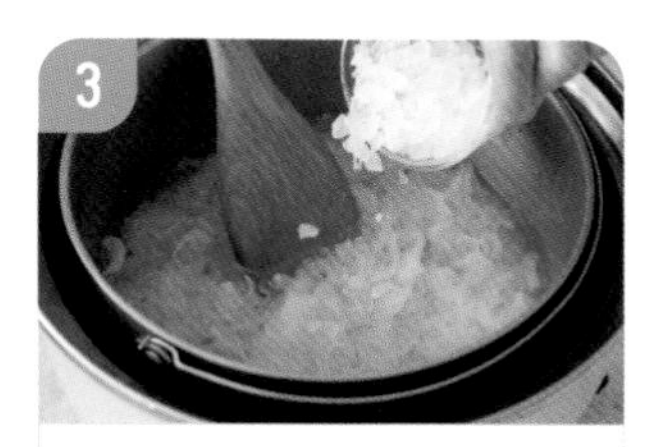

3. 蒸至開關跳起，趁熱加入冰糖拌勻，放入冰箱冷藏至冰涼。

4. 白木耳盛碗，加入做法 1、杏仁凍、紅櫻桃即可。

拇指發糕

小巧輕盈，一口大小的迷你甜點。

材料　3～4人份

低筋麵粉 120g、蓬萊米粉 120g、太白粉 50g、泡打粉 16g、水 300cc、油力士紙杯 6 個

調味料　二砂糖 100g、鹽 1 / 4 小匙、玫瑰果醬 適量

準備

★ 低筋粉、蓬萊米粉過篩，備用。

做法

1. 取調理盆，加入低筋粉、蓬萊米粉、太白粉、泡打粉、二砂糖、鹽，拌勻。

2. 加入水，攪拌均勻成無顆粒狀的粉漿。

3. 倒入紙模杯至 8 分滿，放入蒸架。

4. 電鍋外鍋倒入半杯水，放入蒸架，蓋上鍋蓋，按下炊煮開關。

5. 蒸至開關跳起後，取出，在發糕頂端點綴上玫瑰醬即可。

Tips

* 粉漿倒入紙模杯至 8 分滿以上，發起來會比較飽滿。

CHAPTER 03

氣炸鍋

香酥台菜不怕油膩

模式
溫度
時間
啟動/暫停
電源

認識氣炸鍋

氣炸鍋是藉由加熱管及風扇產生高溫熱風，透過在食材周遭不斷循環的高溫對流熱風，逼出食材中的油脂，並在短時間內將其煮熟。與傳統油炸方式相比，僅需要噴上一點食用油，就能產生類似油炸的酥脆感，用少量油即可做出外酥內多汁的炸物台菜。

主機

氣炸鍋本體，內有加熱管及風扇。可透過螢幕或是旋鈕調節氣炸溫度及烹調時間。

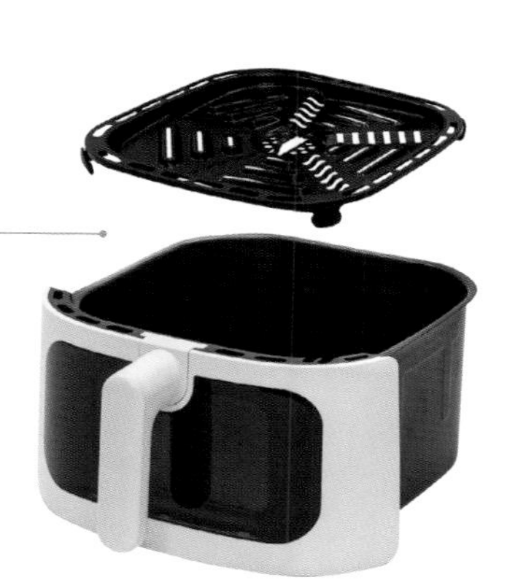

炸籃 & 烤盤

將食材放入炸籃，在推入主機即可。內附有不沾塗層的烤盤，可以防止食材沾黏。並可透過玻璃窗，確認烹調的狀態。

氣炸鍋烹調小技巧

食材表面要均勻噴油

很多人都以爲使用氣炸鍋不需要用油，但是怎麼樣也沒有酥脆的口感，其實關鍵在於食材表面，要均勻噴上薄薄一層食用油，這樣才能做出金黃酥脆的口感。

食材切薄一點

氣炸的食材建議切薄一點，不要太厚，除了能確保內部完全熟透，還能讓外表更加香酥。

讓食材均勻受熱、上色

爲確保食物均勻受熱、上色，可以在氣炸時間過半時，打開炸籃，翻面或搖晃炸籃中的食物，再繼續氣炸。

食材之間保持間距

氣炸包裹著粉漿的食材，在放入炸籃時，請將食材之間保持適當的間距，不要重疊或是靠在一起，以避免成品沾黏。

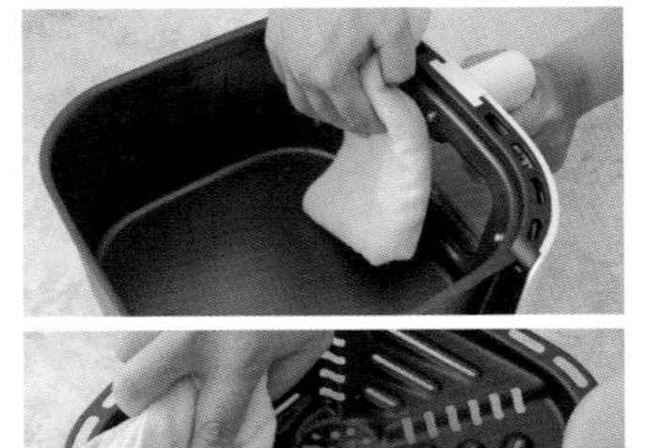

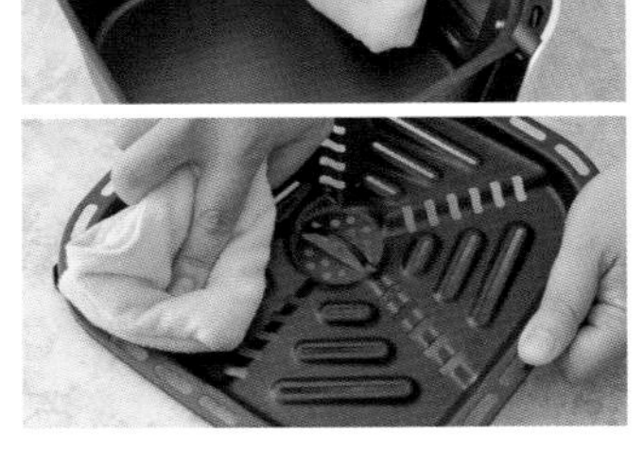

清潔

- 氣炸鍋本體應用柔軟、無研磨性的濕布擦拭，內部必須經常保持乾淨，清除食物殘渣，髒污狀況下繼續使用會燒焦，會造成發熱管損害。
- 從氣炸鍋內取出炸籃與托盤，用清水與中性清潔劑清洗乾淨，再使用乾布擦乾表面後晾乾。請勿使用菜瓜布，會損壞不粘塗層。

除了氣炸鍋之外，也可以使用「氣炸烤箱」來進行烹調。氣炸烤箱結合了一般烤箱與氣炸鍋的功能，與氣炸鍋相比容量更大，應用上能更方便多元。

糖醋醬香燻魚

酸甜開胃，讓人口水直流。

材料 3～4人份

鱸魚肉片 300g、巴西利 5g、地瓜粉 2 大匙、熟白芝麻 1/2 小匙

調味料 冰糖 50g、烏醋 50cc、米酒 50cc、醬油 50cc

醃料 醬油 1 大匙、白醋 1 大匙

準備

- 鱸魚肉切片；巴西利切末。

＊魚片切薄一點能更快氣炸至熟。

做法

所有調味料混合後煮滾，放涼備用。

取調理盆，加入鱸魚肉片、所有醃料，抓醃均勻。

鱸魚肉片均勻沾裹上地瓜粉。

表面噴上少許食用油。

放入氣炸鍋，以 200°C氣炸 12 分鐘。

取出，淋上做法 1。

撒上巴西利末、白芝麻即可。

麵茶炸年糕

外酥脆、內軟黏的古早味點心。

材料　3～4人份

市售年糕200g、脆漿粉3大匙、蛋黃1/2粒、食用油1大匙、水2大匙

調味料　麵茶粉 適量

準備

■ 年糕切成長5cm×寬3cm×厚0.5cm的塊狀。

做法

1 取調理盆，加入脆漿粉、蛋黃、食用油、水，攪拌均勻成糊狀。

2 將年糕沾裹上脆漿糊。

3 放入氣炸鍋，以180°C氣炸10分鐘。

4 取出，沾裹上麵茶粉即可。

Tips

* 年糕放入氣炸鍋時，要保留較多的間距，避免加熱後沾黏。

雙椒香酥魚條

無刺非油炸，香酥美味少負擔。

材料　3～4人份

鱸魚肉片 200g、青椒 50g、紅甜椒 50g、蒜仁 15g、蛋白 1／2 粒、地瓜粉 1 大匙、太白粉 1 小匙

調味料　鹽 1／2 小匙、花椒粉 1／4 小匙、胡椒鹽 1／4 小匙

準備

■ 鱸魚肉片切條；青椒、紅甜椒切條；蒜仁切末。

Tips

＊剩 3 分鐘才加入蒜末，能避免氣炸過久，產生苦味。

做法

1 取調理盆，加入魚肉條、鹽，抓匀。

2 再加入蛋白，拌匀。

3 加入地瓜粉、太白粉，抓匀。

4 另取調理盆，加入青椒條、紅甜椒條、食用油，拌匀。

5 做法 3、做法 4 放入氣炸鍋，以 180℃ 氣炸 15 分鐘。

6 待剩 3 分鐘時，加入蒜末，繼續氣炸。

7 取出，加入花椒粉、胡椒鹽拌匀即可。

五香雞捲

念念不忘傳統的好滋味。

材料　3～4人份

A　豆皮紙1張、中筋麵粉20g、水60cc

B　洋蔥40g、荸薺30g、芹菜20g、青蔥30g、豬絞肉200g、旗魚漿120g

調味料　白胡椒粉1小匙、柴魚粉1小匙、鹽1/2小匙、五香粉1/2小匙、香油1大匙

準備

- 豆皮紙切半；洋蔥、荸薺、芹菜切末；青蔥切成蔥花。
- 中筋麵粉加水拌勻成麵粉糊。

做法

1 取調理盆，加入材料B、所有調味料，拌勻。

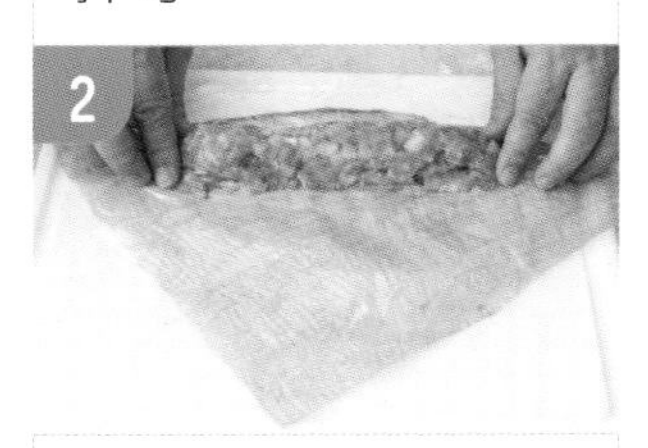

2 取半張豆皮紙，在底端鋪放適量的做法1。

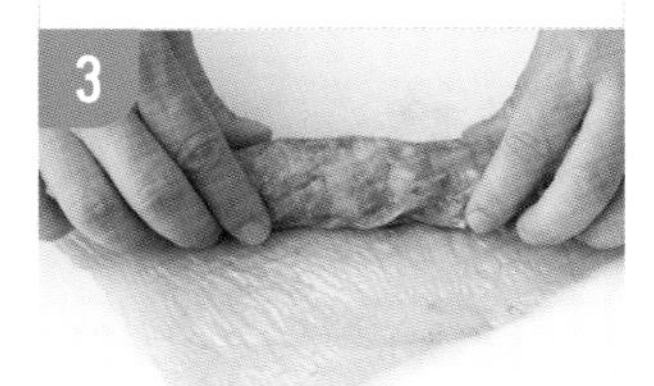

3 用豆皮紙包捲起餡料。

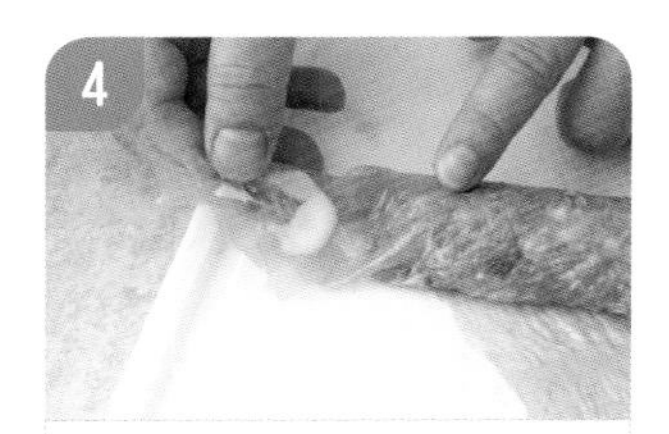

4 將左右兩端抹上麵粉糊，內折封口。

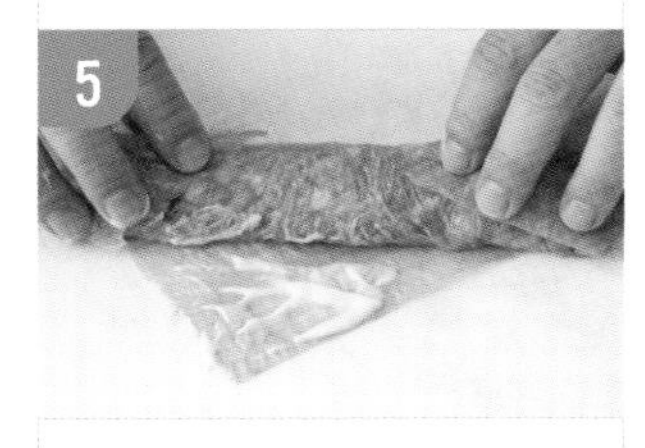

5 豆皮紙邊緣也上麵粉糊，捲起封口。

6 噴上少許食用油。

7 放入氣炸鍋，以180°C氣炸10分鐘即可。

Tips

＊豆皮紙需要放入冰箱冷凍保存

辛香蜂蜜酥肉

味道鹹甜，口感香酥，好涮嘴。

材料 3～4人份

豬梅花肉300g、青蔥30g、薑20g、雞蛋1/2個、太白粉1大匙、地瓜粉1/2小匙、熟白芝麻1/2小匙

醃料 醬油1大匙、二砂糖1小匙、米酒1大匙、鹽1/2小匙、白胡椒粉1/2小匙

調味料 冰糖50g、烏醋50cc、米酒50cc、醬油50cc、蜂蜜2大匙

準備

- 豬梅花肉切片；青蔥切段；薑切片。

做法

1 所有調味料（蜂蜜除外）混合後煮滾，加入蜂蜜拌勻，放涼備用。

2 取調理盆，加入豬肉片、雞蛋、薑片、蔥段、所有醃料，抓醃均勻。

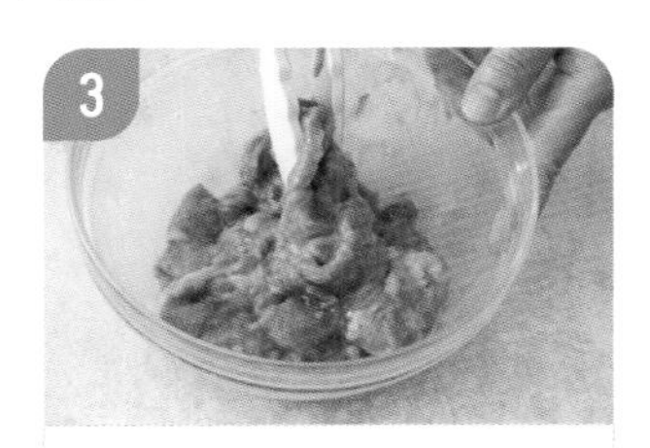

3 加入太白粉拌勻，靜置5分鐘。

4 取出豬肉片，均勻沾裹上地瓜粉。

5 放入氣炸鍋，以180°C氣炸10分鐘。

6 取出，加入做法1拌勻，撒上白芝麻即可。

Tips

＊沾裹太白粉後靜置一下，能讓醃料確實依附在食材上。

紅糟脆皮豬五花

不必油炸，簡單零失敗。

材料 3～4人份

小黃瓜 100g、美生菜 50g、豬五花肉 300g

醃料 鹽 1 / 4 小匙、二砂糖 2 小匙、白醋 1 大匙

調味料 紅麴醬 2 大匙、米酒 1 小匙、醬油 1 小匙、胡椒鹽 1 小匙、二砂糖 1 小匙

準備

- 小黃瓜切片；美生菜切絲，盛盤鋪底。

做法

1

取調理盆，加入小黃瓜片、鹽，抓醃均匀。

2

靜置約 10 分鐘，倒掉滲出的水。

3

加入二砂糖、白醋拌匀，完成「糖醋小黃瓜」。

4

取調理盆，加入所有調味料拌匀，再加入豬五花肉，抓匀。

5

放入氣炸鍋，以 180°C氣炸 20 分鐘。

6

取出切片，放在美生菜絲上，搭配糖醋小黃瓜食用即可。

Tips

* 小黃瓜加鹽抓醃、靜置約 10 分鐘，是爲了逼出小黃瓜的苦汁和多餘的水份。

蘆筍金針肉捲

簡單快速，美味輕鬆上桌！

材料　3～4人份

蘆筍 50g、金針菇 70g、豬五花肉片 150g、熟白芝麻 1 小匙

調味料　香菇素蠔油 1 小匙

準備

■ 蘆筍削去根部粗纖維的外皮；金針菇切除底部，剝成數小束。

做法

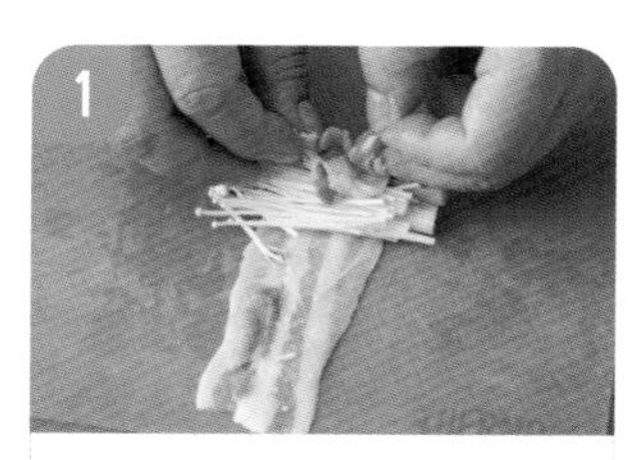

1. 取豬五花肉片 2 片疊放鋪平，放上蘆筍 1 支、金針菇 1 束，捲起來。

2. 放入氣炸鍋以 180°C 氣炸 10 分鐘。

3. 待剩 3 分鐘時，刷上香菇素蠔油，繼續氣炸。

4. 最後，撒上白芝麻即可。

Tips

* 蘆筍削去根部粗纖維的外皮，吃起來才會脆嫩。
* 金針菇保留外包裝，連同袋子將根部切掉即可，這樣就不會全部散掉。
* 調味料可依個人喜好，換成烤肉醬、胡椒鹽。

金錢蝦餅

源自台菜酒家料理的美味。

材料 3～4人份

A 蝦仁 200g、豬板油 50g、洋蔥 60g、芹菜 20g、香菜 10g、青蔥 20g、花枝漿 100g

B 雞蛋 2 個、中筋麵粉 3 大匙、粗麵包粉 40g

調味料 白胡椒粉 1 小匙、鹽 1 小匙、香油 1 大匙、柴魚粉 1 大匙

準備

- ★ 蝦仁切粒。
- ■ 豬板油切粒；洋蔥、芹菜、香菜、青蔥切末。
- ■ 雞蛋打散成蛋液。

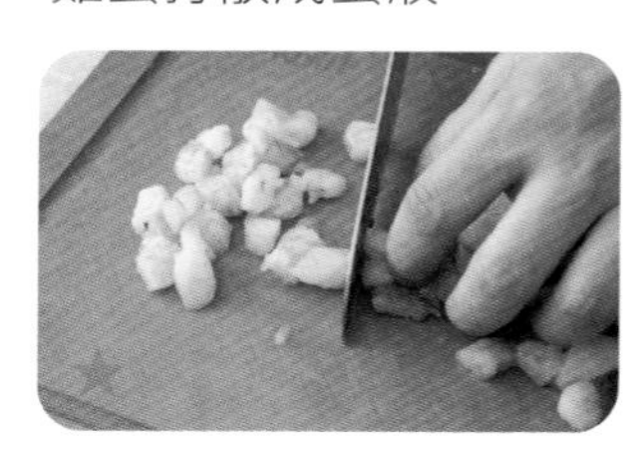

做法

1. 取調理盆，加入材料 A、所有調味料，拌勻。

2. 以手掌虎口掐成球狀。

3. 均勻沾裹上中筋麵粉，並稍微壓成餅狀。

4. 再沾裹上蛋液。

5. 最後沾裹上粗麵包粉。

6. 噴上少許食用油。

7. 放入氣炸鍋，以 160°C 氣炸 15 分鐘即可。

Tips

＊ 蝦仁切粒，吃起來能增添脆口感。

龍蝦三明治

甜而不膩，酥而不油。

材料 3 ～ 4 人份

冷凍熟龍蝦 60g、吐司 3 片、牛番茄 40g、小黃瓜 20g、火腿片 2 片、無鹽奶油 適量

調味料

美乃滋 適量

準備

- 龍蝦去殼切片；牛番茄、小黃瓜切片。
- 無鹽奶油靜置室溫軟化。

Tips

* 吐司抹無鹽奶油的面朝外，氣炸起來才會有香酥的風味。

做法

1. 取兩片吐司，各一面抹上無鹽奶油。

2. 其中一片吐司放上火腿片、龍蝦肉片。

3. 擠上美乃滋。

4. 蓋上一片白吐司。

5. 放上火腿片、牛番茄片、小黃瓜片。

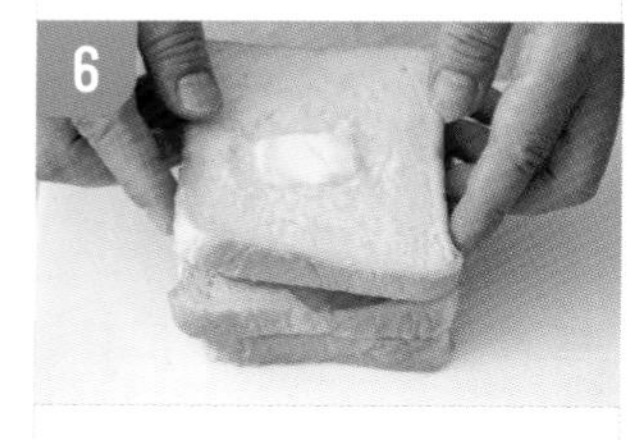

6. 蓋上另一片吐司。

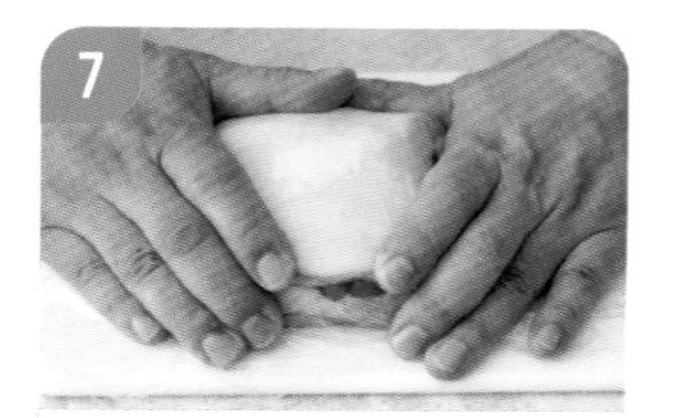

7. 蓋上保鮮膜，將三明治壓實。

8. 撕掉保鮮膜，在四個角插入牙籤固定。

9. 放入氣炸鍋，以160°C氣炸15分鐘，取出切四等份即可。

焗烤大蝦

視覺、味覺都好滿足！

材料　3～4人份

大草蝦 8 隻、巴西利 10g、起司片 1 片

調味料　美乃滋 50g、帕瑪森起司粉 40g

準備

★ 草蝦剪開背部，挑除泥腸。

■ 巴西利切末；起司片切小塊。

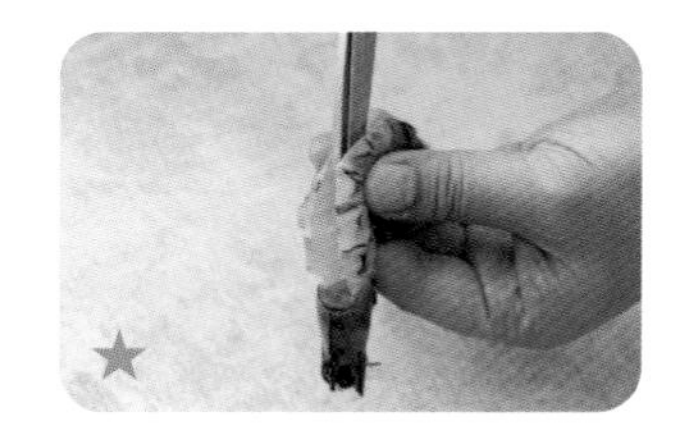

做法

1. 美乃滋加入起司粉拌勻，完成「起司醬」。

2. 草蝦背部開口放上起司醬。

3. 再鋪放上起司片。

4. 放入氣炸鍋，以 180°C氣炸 7 分鐘。

5. 取出，撒上巴西利末即可。

Tips

＊ 用剪刀為草蝦開背會比較輕鬆容易且安全。

花好月圓

酥脆口感配上花生粉的香氣。

材料　3～4人份

市售紅白湯圓200g、葡萄乾10g

調味料　花生粉60g、白糖20g

準備

- 花生粉、白糖混合，完成「花生糖粉」。

做法

1

湯圓噴上少許食用油。

2

放入氣炸鍋，以160°C氣炸5分鐘。

3

取出，拌入花生糖粉。

4

再撒上葡萄乾即可。

Tips

* 湯圓從冷凍取出後直接使用，不需要退冰。
* 湯圓放入氣炸鍋時要分開一些，不要堆積成山。
* 炸湯圓要趁熱吃，冷了會稍微變硬。

檸檬雞翅

吮指美味快速上桌。

材料 3～4人份

洋蔥40g、蒜仁15g、香菜10g、紅辣椒5g、雞三節翅10支

醃料 醬油膏1大匙、米酒1大匙

調味料 新鮮檸檬汁60cc、白糖2小匙、蜂蜜1大匙、香油1大匙

準備

■ 洋蔥、蒜仁、香菜、紅辣椒切末。

Tips

＊如果購買的是大雞翅，或擔心雞翅不熟，可以稍微在表面劃刀。

做法

1

取調理盆，加入材料（雞三節翅除外）、所有調味料拌勻，備用。

2

取調理盆，加入雞三節翅、醃料，抓醃均勻。

3

放入氣炸鍋，以180°C氣炸12分鐘。

4

取出，淋上做法1即可。

杏鮑鹹酥雞

追劇下酒的第一選擇！

材料 3～4人份

雞胸肉 300g、杏鮑菇 130g、蒜仁 20g、青蔥 30g、紅辣椒 10g、地瓜粉 2 大匙

醃料 醬油 1 大匙、米酒 1 大匙、柴魚粉 1 大匙、鹽 1 / 2 小匙

調味料 白胡椒粉 1 / 2 小匙

準備

- 雞胸肉、杏鮑菇切塊；蒜仁切末；青蔥切成蔥花；紅辣椒切圈。

做法

取調理盆，加入雞胸肉、醃料，抓醃均勻。

雞胸肉均勻沾裹上地瓜粉。

靜置反潮 3 分鐘。

噴上少許食用油。

放入氣炸鍋，以 180°C氣炸 12 分鐘。

取調理盆，加入杏鮑菇、食用油 1 大匙，拌勻。

取調理盆，加入蒜末、蔥花、辣椒圈、白胡椒粉、食用油 1 大匙，拌勻。

待剩 4 分鐘時，加入做法 6、做法 7，繼續氣炸即可。

Tips

* 沾裹地瓜粉後靜置反潮，粉料才能確實依附在食材表面。

CHAPTER
04

無水鍋

一鍋完成豐富台菜

TATUNG

認識無水鍋

無水鍋不僅可以用來煎、蒸、煮，還可以無水烹調，其原理是利用高密閉性和保溫特質，維持鍋內溫度，有效減少烹飪時間，均勻導熱還能逼出食材的水份及油脂，使蒸散的水份返回鍋中達到循環，從而借助食材本身的水份烹調，保持食材的美味。

無水鍋 & 機身

透過下方機身均勻加熱，而上方是可以分離的不沾鍋，能方便清洗。另外，爲了能充分發揮鍋體的蓄熱性，無水鍋的鍋蓋具有一定的重量。

無水鍋烹調小技巧

無水料理烹調

選擇「加熱」模式，將鍋具蓋上鍋蓋，旋轉鍋蓋使卡榫固定，讓鍋蓋確實密合蓋上。

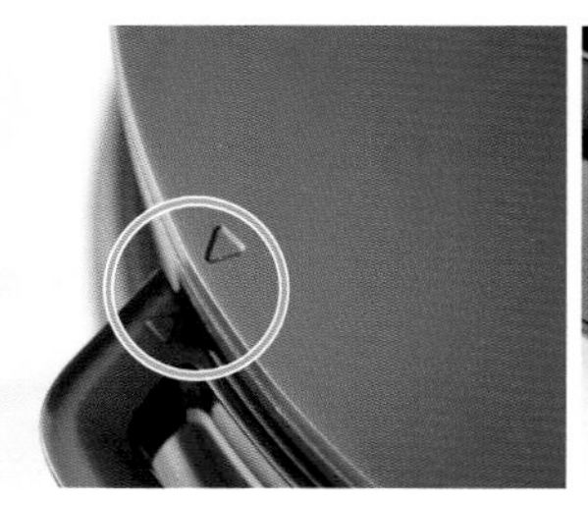

粥品 & 湯類料理烹調

選擇「燉煮」模式，鍋具蓋上鍋蓋，不用卡緊固定，自然產生縫隙，讓鍋內水蒸散出。

食材尺寸盡量一致

因爲烹煮時間相同，若是食材大小差別過大，容易導致有些食材軟熟了，有些食材沒有，因此食材的大小及厚度，盡量保持統一。

食材入鍋的順序

將水分較多且耐煮的食材先入鍋，如洋蔥、蘿蔔、白菜等，使其釋出水份及蔬果的甜味，之後再加入其他食材。

清潔

1. 鍋具、鍋蓋可用清潔劑清洗乾淨後，用清水沖洗，再擦拭乾淨。
2. 機身先用溼布擦去髒污，再用乾布擦乾即可，不可以將機身淋水或浸泡水中。

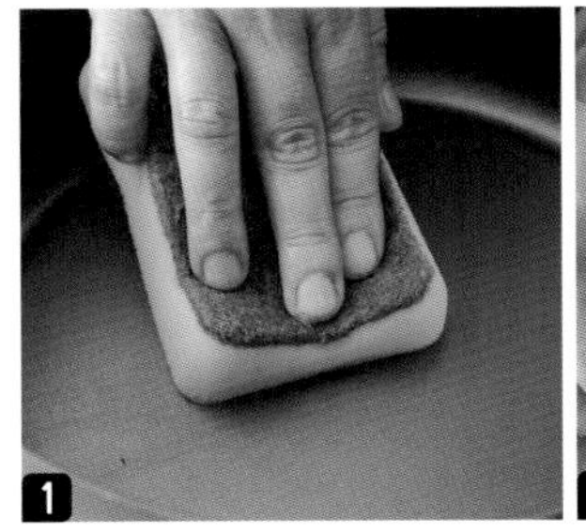

有春麻辣牛肉麵

香麻微辣、湯頭濃郁，讓人食欲大開。

材料 3 ～ 4 人份

A 白蘿蔔 120g、紅蘿蔔 80g、牛腱心 1000g、青江菜 2 支、滷包 1 個、水 1000cc、陽春麵 2 份

B 洋蔥 150g、薑 15g、青蔥 30g、蒜仁 40g、紅辣椒 1 支

調味料 豆豉辣椒醬 80g、薄鹽醬油 8 大匙、二砂糖 1 大匙、米酒 4 大匙、柴魚粉 1 大匙、白胡椒粉 1 小匙

準備

■ 白蘿蔔、紅蘿蔔削皮，切塊；洋蔥、薑切片；青蔥切段。

做法

1

牛腱肉放入滾水氽燙。

2

取出牛腱肉，沖洗乾淨，備用。

3

白蘿蔔塊、紅蘿蔔塊、青江菜放入滾水氽燙，取出備用。

4

無水鍋倒入食用油3大匙，放入材料B爆香。

5

再加入所有調味料炒香。

6

加入做法2、滷包、水，設定「燉煮」模式，時間1.5小時。

7

1小時後，加入白、紅蘿塊，繼續燉煮。

8

陽春麵燙熟盛碗，放入切片牛腱肉、湯汁、青江菜及蘿蔔即可。

Tips

* 豆豉辣椒醬可於超市、量販店購買，除了製作牛肉麵，也可以做爲拌醬。
* 麵條可依個人喜好更換。

冬瓜豆豉排骨

冬瓜甘甜、豆豉香醇不死鹹。

材料 3～4 人份

冬瓜 250g、青蔥 20g、薑 20g、紅辣椒 5g、蒜仁 20g、豬排骨 500g、水 300cc

調味料 鹽 1 小匙、米酒 1 大匙、豆豉 10g、醬油 3 大匙、二砂糖 1 大匙、白胡椒粉 1 / 4 小匙

準備

- 冬瓜去皮，切塊；青蔥切段；薑、紅辣椒切片；蒜仁切塊。

做法

豬排骨放入滾水汆燙。

取出豬排骨，沖洗乾淨，備用。

冬瓜放入滾水汆燙，取出備用。

無水鍋設定「加熱」模式 160°C，倒入食用油 2 大匙，加入豬排骨，煎至上色。

加入冬瓜、薑片、蔥段、蒜仁炒香。

加入水、所有調味料。

蓋上鍋蓋，設定「加熱」模式，溫度 120°C，煮 20 分鐘。

打開鍋蓋，加入辣椒片即可。

Tips

* 排骨先汆燙過，去除血水與雜質，能讓肉質比較軟嫩。
* 豆豉各家鹹度不一樣，加入前先試一下味道，再斟酌調整份量。

TATUNG

扁魚沙茶鍋

料多豐富，湯底香醇順口。

材料　3～4人份

大白菜300g、牛番茄1個、青蔥20g、新鮮黑木耳20g、高湯1500cc、市售排骨酥200g、凍豆腐1盒、魚丸8粒、蛋餃8個

調味料　扁魚粉20g、鹽1小匙、醬油2大匙、沙茶醬3大匙、二砂糖1小匙、烏醋2大匙

Tips

* 以扁魚粉取代自己炸扁魚，輕鬆方便又不用擔心會炸焦。

準備

- 大白菜切片；牛番茄切塊；青蔥切段；黑木耳剝散。

做法

1

大白菜放入滾水汆燙。

2

取出大白菜，泡水放涼，備用。

3

無水鍋設定「加熱」模式140℃，倒入食用油2大匙，加入扁魚粉炒香。

4

再加入其他調味料，拌炒均勻。

5

倒入高湯，放入所有材料。

6

設定「加熱」模式，溫度180℃，煮15分鐘即可。

皮蛋瘦肉粥

入口即化！經典軟綿滑粥品。

材料 3～4人份

雞蛋2個、皮蛋3個、青蔥15g、豬絞肉150g、白飯300g、高湯1200cc

調味料 鹽2小匙、白胡椒粉1小匙

準備

- 雞蛋打散成蛋液；皮蛋去殼，切成小丁；青蔥切成蔥花。

做法

1. 無水鍋設定「加熱」模式140℃，倒入食用油2大匙，加入豬絞肉，拌炒至上色。

2. 加入白飯，拌炒均勻。

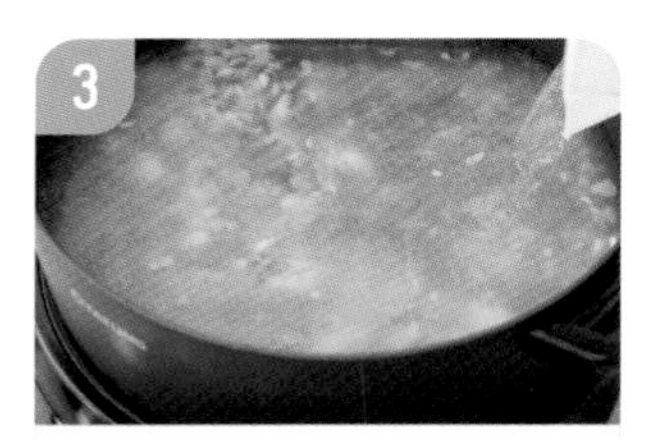

3. 倒入高湯，稍微煮滾。

4. 慢慢加入蛋液，並攪拌成蛋花。

5. 設定「加熱」模式，以200℃煮30分鐘後，加入皮蛋丁。

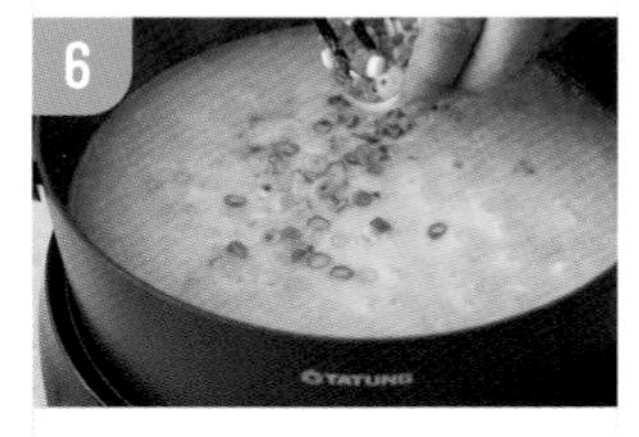

6. 加入所有調味料拌勻，撒上蔥花即可。

Tips

* 煮粥時，請勿蓋鍋蓋，以免造成湯汁溢出。

藥膳羊腩排

湯頭清爽甘甜、羊肉軟嫩膠質滿滿！

材料 3～4人份

當歸1片、枸杞5g、藥膳滷包1包、羊腩550g、水500cc

調味料 米酒500cc、鹽1小匙、二砂糖1小匙

準備

★ 當歸、枸杞、藥膳滷包浸泡米酒。

■ 羊腩切塊。

Tips

＊藥膳滷包可以到中藥店直接抓配，新鮮又方便。

做法

1. 羊腩放入滾水汆燙。

2. 取出羊腩，沖洗乾淨。

3. 無水鍋放入所有材料、調味料（包含浸泡中藥的米酒）。

4. 設定「燉煮」模式，時間1.5小時即可。

蝦仁烘蛋

外酥內嫩、蓬鬆厚實的烘蛋料理。

材料 3～4人份

蝦仁100g、青蔥30g、雞蛋8個

調味料 白胡椒粉1/4小匙、白蔭油2小匙、柴魚粉1小匙

準備

- 蝦仁挑去泥腸；青蔥切成蔥花。

做法

1 取調理盆，打入雞蛋，加入蔥花、所有調味料拌勻，備用。

2 無水鍋設定「加熱」模式140℃，倒入食用油2大匙，放入蝦仁煎至半熟。

3 倒入做法1的蛋液。

4 用筷子螺旋攪拌至蛋液8分凝固。

5 設定「加熱」模式，溫度220℃，蓋上鍋蓋5分鐘。

6 打開鍋蓋，翻面，再加熱3分鐘即可。

Tips

* 做法4不可以拌炒，且8分凝固即可，否則會變成炒蛋。
* 拌打蛋液時要充份打入空氣，蛋液遇熱時才會膨脹。

芋頭米粉湯

芋頭軟鬆香氣十足！經典的古早味！

材料　3～4 人份

乾米粉 2 份、芋頭 160g、芹菜 20g、乾香菇 40g、豬五花肉絲 100g、高湯 1500cc、油蔥酥 15g、蒜頭酥 15g

調味料 鹽 1 / 2 小匙、白胡椒粉 1 / 2 小匙、柴魚粉 1 小匙

準備

- 米粉泡水 20 分鐘，瀝乾。
- 芋頭削皮去頭，切塊；芹菜切末。
- 乾香菇泡溫水泡發，取出擠乾，切塊。

Tips

* 米粉泡水後，可以用剪刀剪成 15 公分長段，方便食用。
* 如果在傳統市場買芋頭，可以請老闆幫忙削皮，或是購買預炸好的芋頭。

做法

1. 無水鍋設定「加熱」模式 160°C，倒入食用油 5 大匙，放入芋頭塊，煎至金黃。

2. 加入豬肉絲、香菇炒香。

3. 加入高湯、米粉，設定「加熱」模式，溫度 180°C，蓋上鍋蓋，煮 30 分鐘。

4. 加入芹菜末、油蔥酥、蒜頭酥即可。

蒜頭雞湯

蒜味十足的濃郁湯品。

材料　3～4人份

仿土雞腿600g、乾香菇60g、蒜仁90g、高湯1400cc、九層塔10g

調味料　鹽1小匙、米酒2大匙

準備

- 仿土雞腿切塊。
- 乾香菇泡溫水泡發，取出擠乾，切塊。

做法

1. 雞肉塊放入滾水汆燙。

2. 取出雞肉塊，沖洗乾淨。

3. 無水鍋放入所有材料（九層塔除外）。

4. 設定「加熱」模式，溫度200°C，蓋上鍋蓋，加熱30分鐘。

5. 加入九層塔、所有調味料即可。

Tips

* 九層塔受熱後很快就會變黑，所以要最後才加入。
* 先將雞肉塊汆燙過，然後清洗去除雜質、脂肪，能讓湯更清澈。

高麗菜乾雞湯

甘甜清香的美味雞湯。

材料 3～4人份

脆筍片 100g、高麗菜乾 100g、仿土雞腿 600g、青蔥 15g、高湯 1400cc

調味料 鹽 1 小匙、米酒 2 大匙

準備

★ 脆筍片、高麗菜乾各別泡水 20 分鐘，取出瀝乾。

■ 仿土雞腿切塊；青蔥切段。

做法

雞肉塊放入滾水汆燙。

取出雞肉塊，沖洗乾淨。

無水鍋放入材料（蔥段除外）、調味料。

設定「加熱」模式，溫度 140℃，蓋上鍋蓋，煮 30 分鐘。

最後，加入蔥段即可。

Tips

＊脆筍片、高麗菜乾使用前必須泡水，去除過多的鹹味。

蔭豉福菜苦瓜

回甘不苦又下飯的家常菜！

材料　3～4人份

福菜 80g、白玉苦瓜 1 條、蒜仁 20g、紅辣椒 15g、豬五花肉絲 120g、蔭豉 10g、水 600cc、香菜 5g

調味料 醬油 2 大匙、白蔭油 1 大匙、二砂糖 1 大匙、白胡椒粉 1 / 4 小匙

準備

★ 福菜用清水搓洗乾淨，去除砂子。

■ 苦瓜切去頭尾，用湯匙挖除囊籽，切塊；蒜仁切末；紅辣椒切斜片。

做法

1 苦瓜放入滾水汆燙。

2 取出苦瓜，泡水冷卻，備用。

3 無水鍋設定「加熱」模式 140°C，倒入食用油 1 大匙，放入豬肉絲炒香。

4 加入蒜末、苦瓜、辣椒片、蔭豉炒至上色。

5 加入福菜、水，設定「燉煮」模式，時間 1 小時。

6 最後，加入香菜即可。

Tips

＊ 苦瓜囊口感不好，且苦味較重，使用前要跟籽一併刮除。

剝皮辣椒雞湯

香甜回甘尾韻微辣，讓人欲罷不能。

材料　3～4 人份

蛤蜊 150g、仿土雞腿 600g、薑 5g、高湯 1200cc、剝皮辣椒 120g、九層塔 10g

調味料 剝皮辣椒湯汁 100cc、鹽 1 小匙、二砂糖 1 小匙

準備

★ 蛤蜊泡水吐沙 30 分鐘。

■ 仿土雞腿切塊；薑切片。

Tips

* 此道湯品加入蛤蜊可以增添鮮味。
* 以剝皮辣椒的湯汁來調味，能更有風味。

做法

1 雞肉塊放入滾水汆燙，取出。

2 雞肉塊用沖洗乾淨，放入無水鍋。

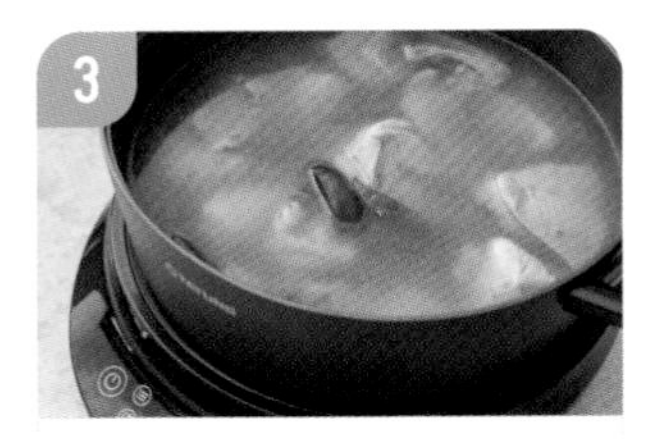

3 加入高湯、薑片、剝皮辣椒、所有調味料，設定「加熱」模式，溫度 140°C，時間 25 分鐘。

4 最後，加入蛤蜊、九層塔，煮至蛤蜊開殼即可。

白汁豬腳

醇香濃厚，乳白膠質不油膩。

材料 3～4 人份

當歸 1 片、紅棗 16 粒、川芎 2 片、豬前腿 1000g、高湯 1500cc

調味料 米酒 200cc、鹽 1 小匙、二砂糖 1 小匙

準備

★ 當歸、紅棗、川芎浸泡米酒。

■ 豬前腿剁塊。

Tips

* 白汁豬腳不像滷豬腳口味那麼重，能壓制豬腳的異味，所以一定要先汆燙過，讓血水跑出來，並清洗乾淨。

做法

1. 豬腳放入滾水汆燙至熟。

2. 取出豬腳，沖洗乾淨。

3. 無水鍋放入所有材料、所有調味料（包含浸泡中藥的米酒）。

4. 設定「燉煮」模式，時間 1.5 小時即可。

麻油雞酒飯

麻油香氣四溢，濃郁卻不膩。

材料　4～5人份

長糯米400g、乾香菇60g、去骨土雞腿450g、老薑10g、枸杞10g、水500cc

調味料　黑麻油4大匙、米酒3大匙、鹽1小匙、二砂糖1小匙、醬油膏1大匙、醬油1大匙

準備

★ 長糯米泡水60分鐘。

■ 乾香菇泡溫水泡發，取出擠乾。

■ 去骨土雞腿切塊；老薑切片。

做法

1. 土雞腿放入滾水汆燙，取出沖洗乾淨。

2. 無水鍋倒入黑麻油，加入老薑片、雞腿肉、香菇、枸杞。

3. 設定模式「加熱」，溫度160°C，炒至上色，取出備用。

4. 原鍋，加入長糯米，拌炒均勻。

5. 加入水、所有調味料，拌勻。

6. 放入做法3的材料。

7. 蓋上鍋蓋，設定「加熱」，溫度100°C，1小時即可。

Tips

＊以黑麻油煎雞腿肉時，溫度如果過高會產生苦味，用無水鍋就能精準控溫。

精緻好禮大相送，都在日日幸福！

只要填好讀者回函卡寄回本公司（直接投郵），您就有機會獲得以下大獎。

獎項內容

TATUNG 大同
百年電鍋
（TAC-11V-MW）
市價 12,990 元
1名

TATUNG 大同
25L 氣炸烤箱
（TOT-F2523EA）
市價 4,990 元
1名

TATUNG 大同
25L 燒烤平板微波爐
（TMO-25FEA）
市價 4,790 元
1名

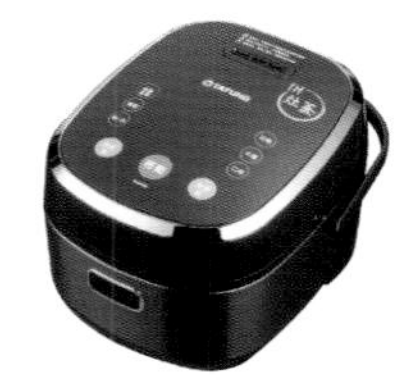

TATUNG 大同
10 人份 IH 電子鍋
（TRC-H1021A）
市價 4,690 元
1名

TATUNG 大同
多功能舒肥燉鍋
（TSB-6522EA）
市價 4,690 元
1名

TATUNG 大同
複合料理無水鍋
（TSB-4021EA）
市價 4,590 元
1名

TATUNG 大同
多功能電烤盤
（TSB-M4021-BKRT）
市價 3,590 元
2名

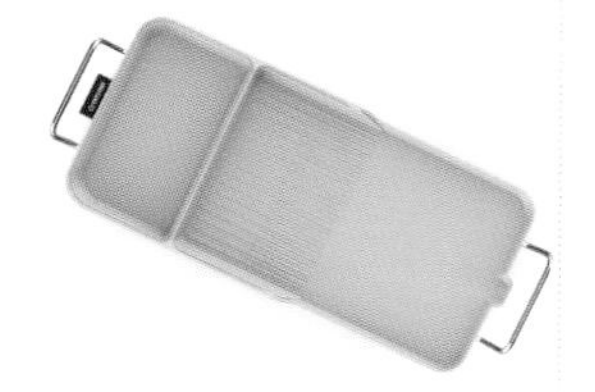

TATUNG 大同
7.6L 氣炸鍋
（TOT-F76EA）
市價 2,990 元
1名

TATUNG 大同
陶瓷不沾電烤盤
（TSB-G5827A23C）
市價 1,590 元
2名

TATUNG 大同
雙面煎烤盤
（THP-F1000A）
市價 1,590 元
2名

高慶泉 × 霹靂
浮世繪露營禮盒組
（黑豆白蔭油、蒜蓉醬油膏、干貝 XO 醬、聯名限量醬油碟筷組）
市價 1,500 元
5名

TATUNG 大同
不鏽鋼電火鍋
（TSB-4015S）
市價 1,490 元
2名

參加辦法

只要購買**《免開火！巧用家電做台菜》**，填妥書中「讀者回函卡」（免貼郵票）於 2025 年 03 月 31 日（郵戳爲憑）寄回【日日幸福】，本公司將抽出以上幸運獲獎的讀者，得獎名單將於 2025 年 4 月 10 日公佈在：

日日幸福臉書粉絲團：https://www.facebook.com/happinessalwaystw

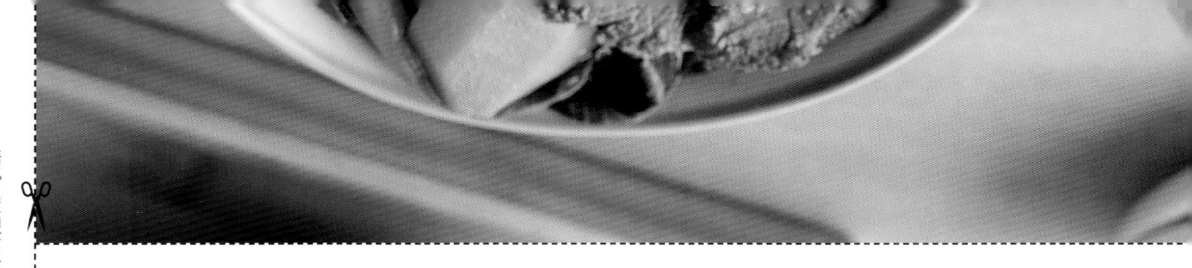

請沿虛線剪下，黏貼好後，直接投入郵筒寄回

廣　告　回　信
臺灣北區郵政管理局登記證
第 0 0 4 5 0 6 號

請直接投郵，郵資由本公司負擔

10643

台北市大安區和平東路一段10號12樓之1

日日幸福事業有限公司　收

讀者回函卡

感謝您購買本公司出版的書籍，您的建議就是本公司前進的原動力。請撥冗填寫此卡，我們將不定期提供您最新的出版訊息與優惠活動。

▶

姓名：＿＿＿＿＿＿＿＿ **性別**：☐ 男　☐ 女　**出生年月日**：民國＿＿年＿＿月＿＿日

E-mail：＿＿＿＿＿＿＿＿＿＿＿＿＿＿＿＿

地址：☐☐☐☐☐ ＿＿＿＿＿＿＿＿＿＿＿＿＿＿＿＿

電話：＿＿＿＿＿＿＿＿ **手機**：＿＿＿＿＿＿＿＿ **傳真**：＿＿＿＿＿＿＿＿

職業：☐ 學生　☐ 生產、製造　☐ 金融、商業　☐ 傳播、廣告
☐ 軍人、公務　☐ 教育、文化　☐ 旅遊、運輸　☐ 醫療、保健
☐ 仲介、服務　☐ 自由、家管　☐ 其他

▶

1. 您如何購買本書？☐ 一般書店（　　　　書店）☐ 網路書店（　　　　書店）
☐ 大賣場或量販店（　　　　）☐ 郵購 ☐ 其他
2. 您從何處知道本書？☐ 一般書店（　　　　書店）☐ 網路書店（　　　　書店）
☐ 大賣場或量販店（　　　　）☐ 報章雜誌 ☐ 廣播電視
☐ 作者部落格或臉書 ☐ 朋友推薦 ☐ 其他
3. 您通常以何種方式購書（可複選）？☐ 逛書店 ☐ 逛大賣場或量販店 ☐ 網路 ☐ 郵購
☐ 信用卡傳真 ☐ 其他
4. 您購買本書的原因？ ☐ 喜歡作者 ☐ 對內容感興趣 ☐ 工作需要 ☐ 其他
5. 您對本書的內容？ ☐ 非常滿意 ☐ 滿意 ☐ 尚可 ☐ 待改進＿＿＿＿＿＿
6. 您對本書的版面編排？ ☐ 非常滿意 ☐ 滿意 ☐ 尚可 ☐ 待改進＿＿＿＿＿＿
7. 您對本書的印刷？ ☐ 非常滿意 ☐ 滿意 ☐ 尚可 ☐ 待改進＿＿＿＿＿＿
8. 您對本書的定價？ ☐ 非常滿意 ☐ 滿意 ☐ 尚可 ☐ 太貴
9. 您的閱讀習慣：(可複選) ☐ 生活風格 ☐ 休閒旅遊 ☐ 健康醫療 ☐ 美容造型 ☐ 兩性
☐ 文史哲 ☐ 藝術設計 ☐ 百科 ☐ 圖鑑 ☐ 其他
10. 您是否願意加入日日幸福的臉書（Facebook）？ ☐ 願意 ☐ 不願意 ☐ 沒有臉書
11. 您對本書或本公司的建議：＿＿＿＿＿＿＿＿＿＿＿＿＿＿＿＿

＿＿＿＿＿＿＿＿＿＿＿＿＿＿＿＿＿＿＿＿＿＿＿＿

＿＿＿＿＿＿＿＿＿＿＿＿＿＿＿＿＿＿＿＿＿＿＿＿

＿＿＿＿＿＿＿＿＿＿＿＿＿＿＿＿＿＿＿＿＿＿＿＿

註：本讀者回函卡傳真與影印皆無效，資料未填完整即喪失抽獎資格。